シリーズ〈データの科学〉3

複雑現象を量る
紙リサイクル社会の調査

羽生和紀・岸野洋久 著

朝倉書店

刊行のことば

　データ解析というとデータハンドリングを思い浮かべる人が多い．つまり，それはデータを操って何かを取り出す単なる職人的な仕事という意味を含んでいる．データ科学もその一種だろうと思う人もいる．確かに，通常のデータ解析の本やデータマイニングの本をみると正にデータハンドリングにすぎないものが多い．

　しかし，ここでいう「データの科学」（または「データ科学」）はそうではない．データによって現象を理解することを狙うものである．データの科学はデータという道具を使って現象を解明する方法論・方法・理論を講究する学問である．単なる数式やモデルづくり，コンピュータソフトではない．データをどうとり，どう分析して，知見を得つつ現象を解明するかということに関与するすべてのものを含んでいるのである．科学とデータの関係が永遠であるように，データの科学は陳腐化することのない，常に発展し続ける学問である．

　データの科学はこのように絶えず発展しているので，これを本としてまとめ上げるのは難しい．どこか不満足は残るがやむをえない．本シリーズの執筆者はデータの科学を日々体験している研究者である．こうしたなかから，何が今日の読者に対して必要か，それぞれの業務や研究に示唆を与え得るかという観点からまとめ上げたものである．具体例が多いのは体験し自信のあるもののみを述べたものだからである．右から左へその方法を同じ現象にあてはめ得る実用書のようなものを期待されたら，そのことがすでにデータの科学に反しているのである．「いま自分はどう考えて仕事を進めたらよいか」という課題は，いわば闇の中でその出口を探そうとするようなもので，本シリーズの書は，そのときの手に持った照明燈のようなものであると思っていただきたい．体験し，実行し，出口を見いだし，成果を上げるのは読者自身なのである．

シリーズ監修者
林　知己夫

まえがき

　社会調査に関する成書は数多く出ている．その多くは，単一の調査を行なうことを想定し，その企画から調査の実施，分析，結果の解釈という流れで，各手順の方法を提示している．ところが，一度でも社会を実証分析すると誰しも痛感することであるが，現実社会は複雑である．単一の調査から得られるものは社会の一角を表現したものにすぎず，調査結果は調査方法，そして対象そのものに大きく規定される．

　本書は紙リサイクル社会システムという複雑なシステムに対して，このような単一の調査を行なうのではなく，研究方法自体を模索しながら，複数のアプローチを用いて，手探りで研究を進めていった研究の報告である．紙リサイクル社会システムのように複雑な研究対象は，現実社会の中にはほかにも多数存在すると思われるが，本研究は，そのような研究対象に直面し，当惑している研究者たちに対しての「データの科学」の事例報告であり，少しでも，そのような研究者の参考になればいいと考えている．本書は，その目的のために生のデータに近いものもあえて示している．それは，読者にわれわれが生のデータをどのように収集し，分析し，そして解釈を導いていったかの過程を示すことで，データの科学のアプローチを理解してもらいたいとの願いからである．また，そのことにより，われわれ自身の試行錯誤の実体験を参考にしていただきたいとの願いも込めている．

　リサイクル社会の調査は，住民の分別回収行動の実態と，再生資源を入れる回収容器を管理する制度に対する意識を調査することから始まった．分別回収された資源は製品の原材料としてメーカーと取り引きされる．住民の環境意識の高まりによる分別回収の増加にともなって再生製品の消費が増加しないとすると，外国への輸出の少ない日本においては，回収された再生資源の供給過多を生じ，結果として回収業者の生活を脅かしてしまう．住民の善意が，知らず知らずのうちに回収業者の脅威になってしまうのである．そこで分析対象を紙

のリサイクルに絞るとともに，調査の枠組みを拡げて，リサイクルシステムを構成する各主体を調査し，紙の循環を包括的に把握することを目指すことにした．古紙の再利用は現在のところ，その多くが再生紙の原料としての利用に限られていることから，真のリサイクル社会を実現するために克服しなければならない問題が早い時点で顕在化する．この点が研究対象を紙に絞りこんだ主な理由である．

まずはシステムを構成する国内外の関係者を訪問インタビューし，各種マクロデータを収集していった．カギとなる関係者に出会うことができれば，それを繋ぎ合わせることによりシステムの大枠が見えてくる．だが，カギとなる関係者に出会うことは容易ではない．そのカギとなる第一人者に出会うためにはやはり多くの人々に会うことが必要である．一人のカギとなる関係者に出会うことができれば，その人は多くの場合，また別の角度からカギとなる関係者を知っている．それぞれのインタビューに際してこうした方々を順次紹介していただき，しだいにシステム全体のカギとなる関係者との接触領域を膨らませていった．インタビューはもとより，量的調査も信頼関係があってこそはじめて協力が得られ，生きたデータが得られる．そのためにも，このアプローチは重要である．インタビューと同時に重視した質的情報は，関連の業界紙である．これらを通じて，リサイクルシステム全体を支える産業の構造とそのダイナミズムが見えてきた．

こうしてしだいに，紙リサイクル社会システムの本質を押さえる3本の柱として，消費者のリサイクル行動と消費行動の整合・不整合，製紙メーカーの生産戦略と消費者の消費行動の対応づけ，回収業者と古紙問屋の経営実態の分析が重要であることが明らかになってきたのである．

以下の諸章では，こうしたプロセスとそこから得られた結果の全物語が繰り広げられていくが，章立ては必ずしも実際の調査プロセスに忠実ではない．これは読者にとっての読みやすさに配慮し，得られた調査結果から事後的にプロセス全体を振り返り，調査の流れを再構成したものである．「超」社会調査にはじめて取り組もうとする読者は，この構成で最後まで読み進むことにより，力まず自然体で，現実社会の実証分析の最初の一歩を踏み出すことができるであろう．

本書は著者らが中心となって進めてきた5年間にわたる研究プロジェクト

と，国際学術誌に掲載された4編の論文で発表した研究成果を下敷きにしている．構想を2人で練った後，羽生が一気に全体を文章化した．また本書に収められたすべての写真は調査の過程で羽生が撮影したものである．調査にご協力くださった関係諸氏へ心からお礼を申し上げたい．林 知己夫先生，吉野諒三氏，山下雅子氏，山下英俊氏，志水章夫氏，および他のプロジェクトへの参加者にも感謝の意を表したい．これらの方々からは社会を研究することを学びつづけている．トイレットペーパーの品質の分析は，磯貝 明氏に依頼した．感謝とともにここに記しておきたい．最後に，すべての名前をあげることはできないが，調査の過程でお目にかかった内外の多くの研究者，そして，紙リサイクル社会の関係者に感謝の意を示したいと思う．ともすれば道筋を見失いそうになるわれわれをここまで導いてくれたのは，みなさんの助言と情報であった．また，朝倉書店編集部の方々には，本書の企画の段階から多くの示唆をいただいた．改めて御礼申し上げる．

　社会を実証分析するときは，その一角を見つめて，断片を繋ぎ合わせて結論づけることにいつも薄氷を踏む思いがする．本書により著者らの未熟さを公にするのには大きなためらいもあった．しかし，読者の批判を真摯に受け止め，私たち自身もさらに成長することができれば，望外の幸せである．

　2001年8月

羽 生 和 紀
岸 野 洋 久

目　　次

序章　紙リサイクル社会を研究すること …………………………………1
　0.1　紙リサイクル社会とは何か …………………………………………1
　0.2　多様な主体を対象とする複数のアプローチ：
　　　　データの科学による考え方 …………………………………………2
　0.3　本書の構成 ……………………………………………………………3

1.　紙リサイクル社会研究の背景と発端 …………………………………6
　1.1　問題の背景：大都市の廃棄物問題 —東京都の事例— …………6
　1.2　住民調査による東京都目黒区リサイクルの問題点の発見 ………8
　1.3　さらなるリサイクルへの期待と情報のニーズ ……………………11
　1.4　海外を中心とした既存の「住民のリサイクル行動」の研究 ……12
　1.5　住民のリサイクルの行動分析を越えて ……………………………15
　1.6　国際比較をするわけ …………………………………………………18

2.　世界の紙リサイクル社会のマクロ分析――文献調査による ………20
　2.1　紙生産上位10か国の回収率・利用率・輸出入の分析 ……………20
　2.2　ドイツ連邦共和国 ……………………………………………………22
　2.3　スウェーデン王国 ……………………………………………………24
　2.4　アメリカ合衆国 ………………………………………………………25

3.　業界紙に見る紙リサイクル社会の激動 ………………………………28
　3.1　1997年の状況：古紙余剰 ……………………………………………29
　3.2　古紙の過剰在庫と緊急輸出 …………………………………………30
　3.3　古紙の過剰在庫から古紙不足へ：
　　　　緊急輸出から商業輸出への変化 …………………………………31

- 3.4 DIP 設備投資の活発化 …………………………………34
- 3.5 国内古紙価格の上昇と古紙不足へ …………………………35
- 3.6 分極化する裾物古紙市況：
  需要が増加する雑誌古紙と減少する段ボール古紙 …………39
- 3.7 段ボール古紙の輸出開始 ……………………………………40
- 3.8 輸出のための古紙の不足 ……………………………………42
- 3.9 全面的古紙不足 ………………………………………………43
- 3.10 1997 年から 2000 年の変化 …………………………………46

4. 紙リサイクル関係者の意見──インタビュー調査による …………49
- 4.1 1997 年 8 月アメリカ：
  日本紙パルプ商事ロスアンジェルス支社 ……………………49
  - 4.1.1 アメリカの古紙回収と廃棄物処理システムについて ……51
  - 4.1.2 古紙の輸出入 ……………………………………………58
- 4.2 1998 年 3 月ドイツ：ハクレ …………………………………60
- 4.3 1998 年 3 月ドイツ：インターゼロー ………………………63
- 4.4 1999 年 3 月スウェーデン：スウェーデン環境保護局 ……66

5. 消費と資源回収の関連──日本の消費者調査 ……………………70
- 5.1 住民の古紙回収行動と古紙消費行動 …………………………70
- 5.2 研究対象としてのトイレットペーパー ………………………71
- 5.3 調査の方法 ……………………………………………………72
  - 5.3.1 調査の構成 ………………………………………………72
  - 5.3.2 標本抽出手続きと対象者 ………………………………73
  - 5.3.3 ブラインドテスト用のトイレットペーパー …………75
- 5.4 調査の結果と考察 ……………………………………………75
  - 5.4.1 再生紙とパルプのトイレットペーパーのブラインドテスト …75
  - 5.4.2 トイレットペーパーの購入基準 ………………………80
  - 5.4.3 購入基準と購入行動の定量的解析 ……………………84
  - 5.4.4 リサイクル回収行動と再生紙の購入に影響を与える要因 ……86
- 5.5 結論 ……………………………………………………………90

6. 消費者と製紙産業の対比——日本の生産者調査 …………95
- 6.1 消費者と製紙産業 …………95
- 6.2 生産者 …………96
- 6.3 調査の結果と考察 …………97
  - 6.3.1 生産者による消費者の購入基準の推定 …………97
  - 6.3.2 生産者の販売店に対する評価 …………100
  - 6.3.3 生産者の開発戦略 …………101
  - 6.3.4 商品開発戦略の優先順位 …………101
  - 6.3.5 商品開発戦略の数量化III類 …………102
  - 6.3.6 生産者の開発戦略と消費者の購入基準の推定の関係 …………102
  - 6.3.7 再生紙製品を生産する利点と欠点の分析 …………104
- 6.4 結論 …………106

7. 静脈をになう主体——回収業者・卸業者調査 …………109
- 7.1 古紙回収の危機，そして変化 …………109
- 7.2 調査対象者と調査法 …………110
- 7.3 結果 …………111
  - 7.3.1 古紙リサイクルシステムに対する見解 …………111
  - 7.3.2 古紙回収制度と消費者，自治体，企業の関係 …………115
  - 7.3.3 ゴミ処理とリサイクルに関する回収業者，消費者，生産者の意識の比較 …………120
- 7.4 結論 …………123

8. 消費者の国際比較——ドイツ，スウェーデン，日本の消費者調査 …………125
- 8.1 国際比較研究 …………125
- 8.2 ドイツとスウェーデンの消費者調査の方法 …………126
  - 8.2.1 ドイツでの標本抽出手続きと対象者 …………126
  - 8.2.2 スウェーデンでの標本抽出手続きと対象者 …………126
  - 8.2.3 ブラインドテスト用のトイレットペーパー …………127
- 8.3 調査の結果と考察 …………127

8.3.1　再生紙製とパルプ製のトイレットペーパーブラインド
　　　　テスト ……………………………………………………127
　8.3.2　購入行動・基準・再生紙製品の評価 ………………132
　8.3.3　リサイクル行動 ………………………………………137
　8.3.4　紙リサイクルに重要なこと …………………………139
8.4　結　　論 ……………………………………………………139

終章　データによって明らかにされたこと …………………143

　参考文献 …………………………………………………………147
　付録1　消費者調査用アンケート用紙 ………………………149
　付録2　生産者調査用アンケート用紙 ………………………154
　索　　引 …………………………………………………………161

～序章～　紙リサイクル社会を研究すること

0.1　紙リサイクル社会とは何か

　紙は循環している．使用された紙製品の一部は古紙として回収されて製紙の原料となり，再製品化され，再び消費されることを繰り返す．この循環には多くの主体が関わっている．ここでの主体とは独立した認識・行為者という意味であるが，紙の循環に関わる主体とは，家庭やオフィスで紙を消費する最終消費者，印刷業者や新聞社や出版社などの産業消費者，紙を生産する製紙業者，古紙を回収する回収業者，回収業者から古紙を買い取り製紙会社に卸す古紙問屋や商社，そして紙製品を市場に送り出す卸問屋や小売店などである．また，資源としての古紙のリサイクル制度と廃棄物としての処理のシステムを構築し，実施・監督する行政機関も関連する主体である．

　そして，各主体は違った立場と目的から紙リサイクル社会に参加している．たとえば，住民は生活者，消費者の立場から，各種制約の中で自分自身の満足を最大にする購入，使用，そしてリサイクルを行なっている．また，産業としてこの社会に参加している製紙会社，古紙回収・卸業者，紙卸・小売業者は，短期的・長期的な利益を生み出すための経済活動を行なっている．さらに，これらの産業として参加している主体であっても，数社の大手製紙会社のように日本を代表するような大企業から，個人経営の古紙回収業者に至るまで，非常に異なる規模や性格をもつ主体が含まれている．また，行政は各主体の利害を考慮し，社会的・環境的に望ましい制度を作り出そうとしている．このような数多くの多様な主体がお互いの立場や制約をもちながら，利益，利便，理想を追求しつつ関係している連鎖の構造が紙リサイクル社会なのである．

0.2 多様な主体を対象とする複数のアプローチ：データの科学による考え方

本書はこのような紙リサイクル社会の研究である．本研究の直接の発端は，第1章で紹介する1つの近隣（東京都目黒区）住民のリサイクル行動の調査であった．この調査の結果から，リサイクル問題を住民の意識と行動の問題としてだけではなく，社会全体の制度として考えていく必要性を痛感したことから，リサイクル社会全体を対象とする研究を計画した．そして，リサイクルされている多くの素材の中でも特に紙に焦点を絞り，紙リサイクル社会を構成している社会の全体の構造と問題点をデータを用いて明らかにし，またその問題の解決法を求めて研究を行なってきた．

すでに述べたように，紙リサイクル社会は異なる目的をもつ多様な主体が，異なる立場と制約から関わっている複雑なシステムである．このような複雑なシステム全体を研究するための単独の調査・研究法は存在しない．また，仮にそのようなことを行なったとしても，その結果はこの複雑な事象の本質を明らかにすることはできないだろう．それは，研究の対象とする主体ごとに望ましい調査法が異なっているからである．たとえば，生活者としての住民全体の意識や行動を偏りなく数量的に示すには無作為抽出による全国調査が必要であるが，これを質問紙調査で行なうこと以外の方法は現実的ではない．一方で，産業として紙リサイクル社会に関わっている主体から本質的な情報を引き出すには，構造化された質問紙を用いるのは望ましい方法とはいえず，このような場合には関係者に対する非構造的で徹底したインタビューが必要である．本研究ではこのように，さまざまな調査・研究法を調査の対象に合わせて実施していくというアプローチを採用した．われわれが採用してきた研究法は，文献（アーカイブ）研究，業界紙研究，インタビュー調査，面接法による質問紙調査，郵送法による質問紙調査，ブラインドテストなどである．調査・研究法を選択する場合にわれわれが常に考えていたことは，リサイクル社会の「現実を表現し」，またリサイクル社会を構成する当事者にとっても「本質的で的外れではない」データを集めたいということであった．つまり，調査・研究法に適したデータを集めるのではなく，対象の性質と本質を明らかにするのに適した調査・研究法を採用しようと試みてきたことになる．また，われわれは同一の対

象や問題に対して複数のアプローチを併用するという研究方法をとった．複数の研究方法によって得られた質的，数量的，横断的，縦断的データを，お互いのデータのもつ情報を補完しあうように組み合わせることで，紙リサイクル社会という複雑なシステムのダイナミックな構造と本質的な問題を徐々に明らかにすることができたと思っている．また，われわれは紙リサイクル社会の国際比較を試みている．後の章で詳しく紹介するが，紙リサイクル社会は各国でさまざまな制度・構造をもち，それぞれ異なる問題点を抱えている．したがって，国際比較を行なうことで，各国の制度を越えた紙リサイクル社会の問題の共通性と独自性を示すことができたと思っている．

まえがきでも述べたが，このように本書は紙リサイクル社会に対する研究であるが，同時に複雑なシステムに対して，研究方法自体を模索しながら，手探りで研究を進めていったデータの科学の事例としても読まれることを期待している．このような複雑な研究対象は現実社会の中にはほかにも多数存在すると思われ，そのような研究対象に直面し，当惑している研究者たちに少しでも参考になればいいと考えている．

0.3 本書の構成

以上のように序章では紙リサイクル社会とは何かを定義し，その研究においてわれわれが採用してきたアプローチについて紹介した．ここで本書全体の構成の理解を助けるために，第1章以降の構成と内容を簡単に説明しておく．

第1章　紙リサイクル社会研究の背景と発端

第1章ではまず研究の背景である日本の，特に都市部における廃棄物とリサイクルの問題を概観する．続いて，研究の発端となった目黒区住民のリサイクル行動の調査を紹介する．次に，住民のリサイクルに関する先行研究を展望する．そしてリサイクルシステムの研究における，住民以外の主体を対象とした研究の重要性を述べる．最後に，特に本研究で紙を対象にする理由と国際比較研究の必要性を示す．

第2章　世界の紙リサイクル社会のマクロ分析——文献調査による

第2章の冒頭では，既存の統計データを分析することで世界各国の紙リサイクル社会の概観を展望する（2.1節）．続いて，国際比較の対象国であるドイツ（2.2節），スウェーデン（2.3節）と世界最大の紙生産国であるアメリカ

(2.4節)の紙の消費とリサイクルについて,既存文献,アーカイブデータ,われわれのインタビューなどから得た情報を総合して,より詳しい分析を加える.このことにより,内外の制度の違いを比較するだけではなく,紙リサイクルシステムが木材・木材パルプ・古紙の輸出入を通じて,世界的な規模のシステムを構築している様子を明らかにする.

第3章 業界紙に見る紙リサイクル社会の激動

第3章では,われわれが調査研究を実施していた1997年から2000年にかけての日本の紙リサイクル社会の変動を,業界紙の記事を紹介しながら展望する.紙リサイクル社会の変化を時系列で追っていく中で,問題の構造と本質を浮き彫りにしていく.また,日本の紙リサイクル社会の変化を追いながら,リサイクル研究の本質がどこにあるのかについての検討を進めていく.

第4章 紙リサイクル関係者の意見——インタビュー調査による

第4章には,われわれが行なった紙リサイクル関係者へのインタビューの一部を掲載する.関係者の生の声を紹介することで,これまでの章で示してきたリサイクル社会の構造と問題を,現場の実感の加わった,より具体的なものとして示すことを試みている.

第5章 消費と資源回収の関連——日本の消費者調査

第5章から第7章は,日本における紙リサイクル社会を構成する各種主体を対象にわれわれが実施した調査について紹介する.まず第5章では,日本の消費者を対象にした紙リサイクルを中心としたリサイクルに対する意識と行動の調査を紹介する.この調査では紙製品として特にトイレットペーパーに焦点を当て,製品を用いたブラインドテスト,製品購入のための基準やリサイクル製品に対する意識調査,そして実際の購入行動と再生資源回収への参加行動の実態調査などを行なっている.この調査の結果から,日本人の再生紙に対する感覚,意識,購入・使用行動を明らかにすることを試みている.加えて,これらと再生紙資源の回収行動の関係を見ていくこととする.

第6章 消費者と製紙産業の対比——日本の生産者調査

第6章では,日本におけるトイレットペーパーの生産者の調査を消費者の調査結果と対比しながら紹介する.特に,生産者が消費者の選択基準をどのように推測しているのかを現実の消費者の選択基準と比較し,また,小売店の販売行動に対してどのような意識をもっているのかを検討していく.そして,その

ような判断や意識に加えて，古紙を原料にすることに対して感じている利点や欠点が，どのように製品開発の戦略と関係しているのかなどを見ていくこととする．

第7章　静脈をになう主体——回収業者・卸業者調査

第5章と第6章では，紙リサイクルシステムの「動脈」部分をになう主体である消費者と生産者の意識と行動に関する調査を紹介したが，システム全体の検討を行なうためには，「静脈」部分に関しても見ていくことが不可欠である．第7章では，紙リサイクルシステムの静脈部分をになう主体である古紙回収業者と卸業者に行なった古紙リサイクルに関する意識調査を紹介する．特に，自治体の業務委託を受けているかどうかによって意識の変化があるかどうかについて見ていくこととする．

第8章　消費者の国際比較——ドイツ，スウェーデン，日本の消費者調査

最後に第8章では，ドイツとスウェーデンで行なった消費者の調査（日本の消費者に行なった調査と対応する）を，日本の結果と対比する．さらに，各国のもつ紙リサイクル制度や社会制度から各国の結果を考察し，異なる社会における紙リサイクルの問題の共通性と独自性を検討していく．

1

紙リサイクル社会研究の背景と発端

1.1　問題の背景：大都市の廃棄物問題 —東京都の事例—

　ゴミの減量は都市における最も重要な問題の1つである．たとえば，東京都全体のゴミの量はピーク時であった1989年には年間約615万トンであった．これは都民1人当たり1日約1.4 kgのゴミを排出していた計算になり，全国平均の約1.3倍である．このうち都市部である23区内で排出されたゴミは約490万トンであった．この大量のゴミのうち，可燃ゴミは焼却され，燃えかすは埋立地へ運ばれる．また不燃ゴミは直接埋立地に運ばれている．しかし焼却場の処理能力は限界に達し，また埋立予定地はすでに限界まで埋め立てられ，次の候補地の目処も立っていない．

　都市には企業などが所有する多くの事業用建物が集中している．たとえば東京23区内には延べ床面積が3000 m^2 を超える事業用大規模建物が約1万戸存在し，全廃棄物の44%の排出元となっている．

　都は1991年10月から，事業系廃棄物の発生抑制と再利用を促進するための指導を行なっている．立入検査を行ない，廃棄物の発生抑制と再利用の状況を検査して建物に応じた対策を指導・助言している．1996年6月からは対象を1000 m^2 以上の建物に拡大している．また，1991年に廃棄物の減量や再生利用を促進し，処理困難物の指定などの適正処理の充実を目的として，「廃棄物の処理及び清掃に関する法律」が改正され（通称：新廃棄物処理法）[1]，再生資源利用促進のための「再生資源の利用の促進に関する法律（通称：リサイクル法）[2]」が制定されたが，東京都ではこの2つの法律の主旨を踏まえ，「東京都廃棄物の処理及び再利用に関する条例」を1993年4月から施行した．この条

例において，事業用大規模建物の所有者に対して，① 廃棄物の分別と減量，② 廃棄物管理責任者の届け出，③ 再利用の年度計画の届け出，④ 再利用できる物の保管場所設置，を要求している．さらに，東京都は1996年12月より事業者に対して廃棄物回収の従量制[*3]の有料化を行なった．また，資源ゴミの分別回収などのリサイクルへの取り組みを進めてきた．その結果，1997年度の東京都のゴミは533万トンへと13%減少した．特に，都市部である23区部では400万トンへと，18%の減少となっていた[*4]．

[*1] 1991年10月制定，1992年7月施行．従来の廃棄物適正処理を目的としたものからリサイクル社会構築を目的としたものへと基本方針を転換し，廃棄物処理の目標を排出の抑制，再生使用，処分の順に挙げている．

[*2] 1991年4月制定，1991年10月施行．所管は，当時の通産，建設，農水，大蔵，厚生，運輸，環境の7省庁による．国，地方公共団体，事業者，消費者のそれぞれが応分の社会責任を分担することを基本方針とし，原材料資源使用でのリサイクル率を高める努力をする業種とその目標値，リサイクルが容易になる構造，材料を工夫すべき製品，分別回収のための表示をすべき商品，リサイクルすべき産業の副産物を指定している．

[*3] 回収する廃棄物の量に応じて，費用が決まる制度．量にかかわらず，一定の料金を支払う定額制と対比される．

[*4] 多摩地区と島嶼地区では125万トンから133万トンへ，約6%増加している．

こうした状況は全国で見られる．1993年において，日本の自治体の約80%は事業者に対して，廃棄物の回収と処理に対する有料化を行なっており，その中の70%は従量制を採用している．事業系ゴミのみならず家庭系ゴミにおいても全国自治体の35%でゴミ回収と処理の有料化が実施されている．そのうち56%では，従量制をとっている．ただし，人口10万を越える都市では家庭ゴミの有料化はほとんど行なわれていない．

人口の少ない多摩地区・島嶼地区の市町村では，従来より市町村が独自に清掃事業とリサイクル活動の両方を管轄している．そのために両制度が一体として扱われており，リサイクルと分別回収はゴミを減らして経費を節約するという面でも重要であると認識されている．これに対して東京23区部では，従来ゴミ処理は東京都清掃局が行なってきた．一方リサイクルに関する活動はそれぞれの区に委ねられており，ゴミ処理とは独立したものとして扱われてきた．そのため，東京23区部では行政による資源ゴミの分別収集は盛んではなかった．しかし，2000年4月に清掃事業が23区に移管されたのにともない，ゴミ

回収と資源回収が一体のものとして扱われるようになり，多くの区が何らかの形で資源ゴミの分別回収を開始している．2001年6月現在，22区[*5]が資源ゴミの分別回収を実施している．東京23区部の廃棄物回収・リサイクル事情は今大きな転換期を迎えている．

[*5] 豊島区を除く22区だが，豊島区の一部でも実施されており，実質的には23区すべてで資源ゴミの分別回収は行なわれている．

1.2 住民調査による東京都目黒区リサイクルの問題点の発見

ここで東京23区の1つである，目黒区において行なった調査について紹介する．2000年現在，目黒区の人口は約23万9000人，世帯数は約12万5000戸である．1985年の目黒清掃工場建設計画をきっかけにして，目黒区民のリサイクルに対する関心が高まった．目黒区はモデル地区を設けて，全国に先駆けていち早く，1988年に独立採算が難しいビンとアルミ缶の分別回収を区が回収業者に委託するというシステムを導入した．リサイクルして別の製品をつくるための原料とするには，材料が均質である必要がある．回収業者は集めたビンやアルミ缶を選別し，それを区から買い取る．そしてそれらは問屋や製造業者に持っていかれる．回収コンテナの管理は住民自身が行なう．そこには，コミュニティの醸成をはかるという意味もこめられている．住区の住民の合意が得られると分別回収が導入されるが，現在8割の住区で分別回収が実施されている．

清掃工場建設計画が出された10年後に，住民にリサイクル活動がどのよう

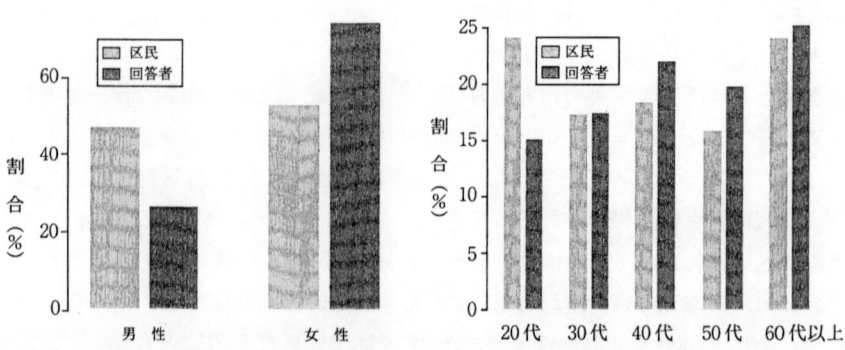

図1.1 目黒区住民と回答者の性別/年齢分布の比較

1.2 住民調査による東京都目黒区リサイクルの問題点の発見

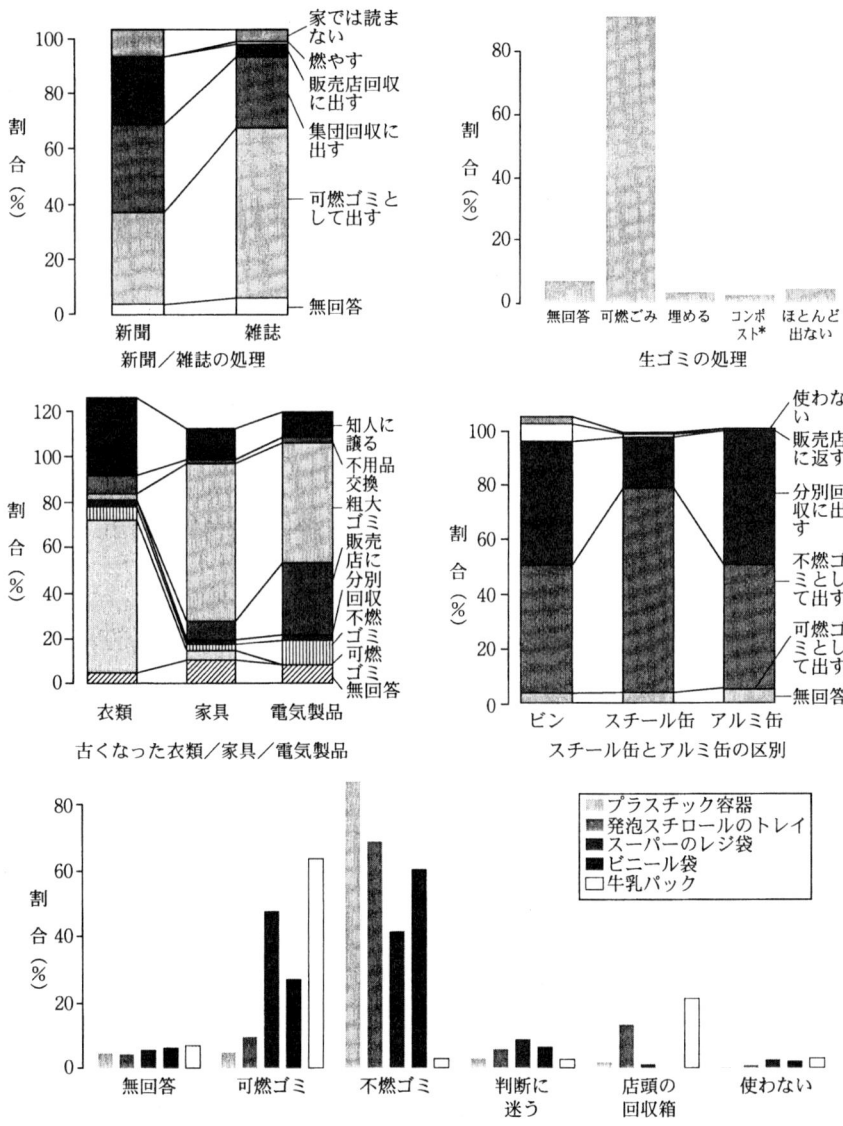

図 1.2 ゴミ処理とリサイクル
*：コンポストとは，有機廃棄物（生ゴミ）を堆肥化して処理することである．

に受け止められているかを見るために，1995年5月と11月の2度にわたって，意識調査を実施した．住民台帳から10の住区が無作為に抽出され，それぞれの住区から再び無作為に世帯が抽出された．合計500の世帯に，学生80余名が質問票を持ってまわり，約1週間後に回収した．63.8%にあたる319世帯から回答を得たが，リサイクルとゴミ処理には主として家庭の主婦が携わっていることを反映して，回答者には女性が目立った（図1.1）．

　同様に，回答者の年齢分布を見ると，目黒区住民全体の年齢分布に比べ20代が少なく，代わって40代と50代が多いことがわかる．これは，先の事情に加え，20代の回答率の低かったことが原因だと思われる．可燃ゴミにおいては，その49%が紙類であった．新聞は32%の人が可燃ゴミとして処理しているが，「集団回収」，「販売店回収」，「読まない」を加えると約6割になる．これに対して雑誌類では61%の人が可燃ゴミとして処理していた．生ゴミなどの厨芥類は可燃ゴミの29%を占めるが，これに関しては91%の人が可燃ゴミとして処理していた．古くなった衣類は知人などに譲る人も34%いたが，66%の人は可燃ゴミとして処理していた．家具は69%の人が粗大ゴミに出し，電気製品は31%の人が販売店に引き取ってもらい，53%の人が粗大ゴミに出していた（図1.2）．

　一方，不燃ゴミについては，東京都内で出される不燃ゴミの25%がプラスチック類である．自治体により多少対応が異なるが，プラスチック容器，発泡スチロール，スーパーのレジ袋，ビニール袋などのプラスチック製品は，基本的には不燃ゴミとして扱われる．図1.2に見られるように，その多くは不燃ゴミとして処理されていた．スーパーのレジ袋はゴミを包む範囲内では認められているが，5割近くの人が可燃ゴミとしていた．ビニール袋にも同様の傾向が見られていた．発泡スチロールなどは，店頭の回収箱に出すと，プランターの原料として再利用可能だが，当時はまだこうした活動は普及していなかった．プラスチック類についで，不燃ゴミの23%がガラス類，19%が金属類である．これにはビンや缶が含まれていた．ビンと缶の処理に関しては，当時目黒区の半分ほどの地域で分別回収が実施されていたことを反映して，不燃ゴミとして出す人，分別回収に出す人がほぼ半数ずつとなっていた．また，スチール缶は分別回収の対象となっていなかったこともあり，8割の人が不燃ゴミとして処理していた．残りの2割の人は分別回収に出していたわけであるが，分別

回収を実施している人の中でも16%がアルミ缶とスチール缶の区別をしていなかった．

1.3 さらなるリサイクルへの期待と情報のニーズ

この調査で改めてわかったことは，リサイクルに対する目黒区住民の意識はかなり高まっているということであった．さらに，現状に加えて図1.3に見られるように，スチール缶と並んで新聞・雑誌類の分別回収の必要性が認識されていた．

また，自由回答を見ると，発泡スチロールトレイの回収箱をより多くの店頭で設置すること，ペットボトルのリサイクルの徹底などに対する要望が目立っていた．

　　—— 私の住んでいる地域も分別回収は（実施されるようになっ
　　てから）1年位です．前はやっている所まで運んでました．（缶，
　　ビン等を）今でも全部の地域では行なってませんので，早く全部
　　の所で実施されるといいと思います．（後略）——

といった自由回答にも見られるように，分別回収が目黒区全体に広がることに対する期待が強いことがわかった．

また，

　　—— 分別ゴミの回収は，基本的にもっと推進していく必要があ
　　ると思います．自分の周囲を見ても，ゴミの可燃，不燃物の仕分
　　けは以前に比べ，かなり徹底してきているようです．しかし，そ

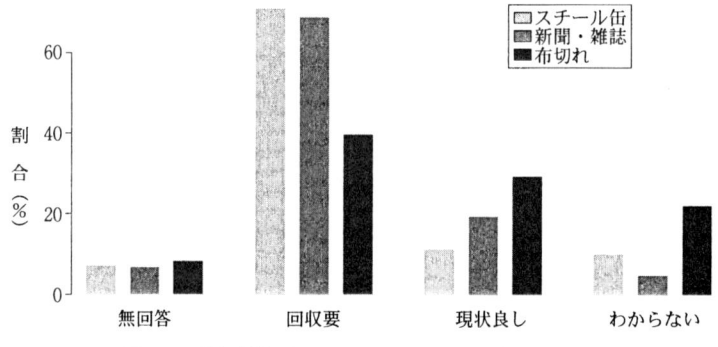

図 1.3　現在分別回収されていないものへの対応について

の先の分別回収に関しては，まだまだ徹底しきれない状況にあると思います．その原因は，単に分別が面倒だということではなく，何をどう処分しどこに持っていくのかというような情報がかなり不足しているからのように思えます．特に単身者や小世帯の家庭，マンションなどの集合住宅では，隣近所の情報が伝達されないため，私どもを含め，分別ゴミやリサイクルなどの詳細がわからず，分別ゴミ回収に参加できない，という事態が起きています．情報伝達の方法，回収場所の増設など，もっと地域ぐるみで考え直す必要があるのではないでしょうか．──

という自由回答からうかがわれるように，情報の伝達への要望が出されていた．一方で他人のマナーの悪さが気になり，他方でそれにはそれぞれの事情があることも明らかになってきた．

　ゴミ処理とリサイクルを実際に行なう上では，こうした住民の声を充分に汲み取って合意を形成していくことが重要となる．そのためにも，広報紙を浸透させ，さらにそこに住民の声を載せていく，といったことが求められていた．リサイクルのそれぞれの部分に携わる人々が意見を出し合い，全体として物がよく流れる仕組みを，多くの人がきめ細かに考えていく必要が浮かび上がってきた．

1.4　海外を中心とした既存の「住民のリサイクル行動」の研究

　すでに述べた目黒区の調査も含め，リサイクル社会・システムの研究の中でも，住民のリサイクル行動，環境意識に関する研究は海外の研究を中心に比較的蓄積されてきている．

　たとえば Deyle (1993) はアメリカ中西部の州の住民を対象にした研究を行ない，リサイクルやコンポストのように社会的な利益（社会財）を生むこととなる行動の費用を個人にどのように負担させるべきかについての研究を行なっている．結果は，社会の利益は個人の利益として直接認識されないので，そのために住民が払ってもいいと考える金額 (willingness to pay) では，費用を負担しきれないことを明らかにしている．そのため，国や州が補助金を出して，不足する費用を補う必要があることを提言している．また，住民にリサイクルやコンポストのもたらす社会的利益を理解させ，払ってもよいと考える額

を増加する努力の必要性も提言されている．

　Carral-Verdugo (1996) はメキシコにおける住民の調査を行ない，出費を節約したいという経済的動機と環境への配慮の両方が，製品の再使用とリサイクル行動の決定因であることを見出している．

　谷口 (1996) は日米の異なるリサイクルシステムをもつ3つの自治体（東京都目黒区，埼玉県与野市，ワシントン州シアトル市）の住民を対象にした調査を行ない，システムの違いが住民のリサイクル行動に与える影響について検討している．結果は，包括的なシステム（公社がすべてのリサイクル回収を統括している）をもつシアトル市の住民は，多元的なシステム（民間の回収業者による回収，住民の集団回収，行政の回収が混在している）をもつ日本の住民よりも分別行動を頻繁に行なっており，またシアトル市における廃棄物の有料回収は廃棄物減量の一定の経済的動機づけになっていることが明らかになった．このように，地域社会のリサイクルシステムが住民の分別行動をある程度規定していることが示唆された．

　上述した研究を含めてリサイクル行動の研究を展望すると，リサイクル行動を規定する要因は大きく分けて2つのタイプ，個人の要因と状況の要因に分類することができる (Schultz, Oskamp & Mainieri, 1995)．前者はリサイクルを行なっている者の個人的要因を検討している．扱われている個人的要因は環境的態度・関心，知識，人口統計的要因などである．そして環境的態度・関心に関しては，一般的な環境的態度や関心がリサイクル行動と弱い相関しかもたない，または相関がないことを明らかにしている (Oskamp *et al.*, 1991; Schultz *et al.*, 1995; van Liere & Dunlap, 1981)．

　しかし，対照的にいくつかの研究は，一般的で抽象的な関心ではなく特定の具体的関心（たとえば，ただ「地球にやさしくする」というのではなく，「森林を守る」や「ゴミを減量したい」という関心）の場合には，リサイクル行動の間に有意な相関があることを報告している (De Young, 1986, 1990; Howenstine, 1993; Vining & Ebreo, 1990)．そして，これらの研究はリサイクルを行なわない者に共通する3つの態度を見出している．それは，迷惑（たとえば，「リサイクルは費用や場所を必要としすぎる」），不便（たとえば，「リサイクルの収集所は離れすぎていると思う」），無関心（たとえば，「いままで考えたことがない」）であった．

別の研究は，非金銭的信条（たとえば，愛他主義や純粋な満足）は，時として，リサイクルを行なう動機として金銭的な動機よりも重要な動機であることを明らかにしている（De Young, 1986, 1990；De Young et al., 1993；Hopper & Neilsen, 1991）．また，いくつかの研究は，リサイクル制度に関する知識がリサイクルを行なう者と行なわない者を分ける要因の1つであることを見出している．リサイクルを行なう者は，リサイクルを行なわない者よりも，リサイクルできる素材，収集の場所と時間に関してより多くの情報をもつ傾向があった（De Young, 1988-89, 1990；Vining & Ebreo, 1990）．人口統計的要素に関する研究では，高学歴（Vining & Ebreo, 1990），高収入（Jacobs, Bailey & Crews, 1984；Mersky & Mathew, 1989；Oskamp et al., 1994；Vining & Ebreo, 1990），進歩主義的政治信条（Weigel, 1977）がリサイクル行動と相関があることを見出している．

年齢と性別に関しては，効果が研究によって見られたり見られなかったりと，一貫しない結果が得られている（Oskamp et al., 1991；Schultz et al., 1995）．カナダ人と日本人の文化比較研究では，リサイクルに関する動機において2つの文化の間には有意な差がないことを明らかにしている．この結果は経済水準やリサイクル制度に差がない場合，文化と民族性はリサイクルへの態度と行動に影響しない可能性を示唆している（Dungate et al., 1997）．

状況的変数に関する研究は，リサイクルを行なう者と行なわない者を区分する7つの要因を検討している．その要因とは，①報酬・物質的誘因，②リサイクルの方法の簡便化，③勧誘・情報の提供，④誓約，⑤目的の設定，⑥フィードバック，⑦規範的影響・社会的圧力である．

多くの研究は，報酬もしくは物質的誘因がリサイクル行動を増加させるが，リサイクルへの報酬が停止するとリサイクル行動は元の水準に戻ることを報告している（Hamad et al., 1980-81；Jacobs, Bailey & Crews, 1984；Luyben & Bailey, 1979；Witmer & Geller, 1976）．また，リサイクルを行なう方法を容易にすることが，リサイクルを増加させる直接的で効果的な方法であることが明らかにされている．たとえばLuybenとBailey（1979）は，回収のための容器を多数配置したことにより，リサイクルへの参加が増加した事例を紹介している．勧誘・情報の提供とは，潜在的にリサイクルを行なう可能性がある者に対して，行動の実行を催促したり，動機づけとなる情報を与えたりするこ

とである．いくつかの研究は，このような促進的な干渉を行なうことがリサイクルを増加させることを示している (Jacobs, Bailey & Crews, 1984; Burn & Oskamp, 1986; Burn, 1991; Vining & Ebreo, 1989)．また，地域にこのような促進的な干渉を行なうリーダー (block leader) を置くことでリサイクル行動が増加することを見出している (Hopper & Neilsen, 1991)．

誓約とは，何らかの形で他者に対してリサイクルを行なうことを宣言することである．いくつかの研究は，このような誓約がリサイクルを増加させることを明らかにしている (Burn & Oskamp, 1986; De Young et al., 1995)．Hamadら (1980-81) は目標の設定が小学校における素材の回収量を有意に増加させたことを報告している．いくつかの研究はフィードバックがリサイクル行動に対して有意な効果をもたないことを見出しているが (De Young et al., 1995; Hamad et al., 1980-81)，有意な効果を見出している研究も見られる (Katzev & Mishima, 1992)．社会的規範とは，重要な準拠者である友人や隣人が自分の行動にどのような期待を抱いているかを推測し，それに同調することである (広瀬, 1995)．いくつかの研究は社会的規範のリサイクル行動に対する正の効果を見出している (Burn, 1991; Hopper & Neilsen, 1991; Oskamp et al., 1994)．

1.5 住民のリサイクルの行動分析を越えて

前節で述べたように，住民のリサイクル行動に関する研究は蓄積されつつある．ただし，リサイクルの問題は住民だけの問題ではない．目黒区での調査を行ないながら，リサイクルの現状には，住民の行動を越えた問題が存在していることにも気づかされた．それでは，住民のほかにどのような主体がリサイクルに関わっているのだろうか．リサイクルのシステムは，資源の種類ごとに異なっており，関わる主体もそれにともなって変化する．そのため，まず研究の対象となる素材を限定する必要がある．リサイクルの研究を行なっていく上で，ここでは特に紙のリサイクルに焦点を当てている．ビン，缶，ペットボトル，発泡トレイなど多くの素材がリサイクルされる中で，特に紙を研究の対象に選んだのは以下のような理由からである．

① 閉じた循環： 紙は紙にリサイクルされる

ペットボトルや発泡トレイのような素材では，一度使用され，回収された製

品が再びペットボトルや発泡トレイの製造には使用されずに，他の製品の原料に使用される．つまり，製造から使用，そして回収までの流れは一回性のものであり，循環しているわけではない．このような場合，関係する主体の範囲がどこまでも広がってしまうので，研究がシステム全体を見渡すことが難しい．それに対して，回収された紙は主に製紙原料に使用されるために，木材パルプや輸入古紙の投入，輸出や廃棄による排出は存在するとしても，基本的に紙は限定された主体の間を循環しているため，研究対象となる主体を限定することができる．

② 社会制度としての長い歴史

我が国においては紙のリサイクルには長い歴史がある．まず，製造から消費者までの製造，販売側を考えると，家庭紙・衛生紙のメーカーは以前から古紙からちり紙を製造してきた，そして1970年代後半から1980年代にかけての水洗トイレの普及により衛生紙の主流がちり紙からトイレットペーパーに移行した後も，引き続き古紙を原料にしたトイレットペーパーの製造を行なっている[*6]．

また，段ボール，板紙，新聞・雑誌用の印刷用紙の原料としても，以前から古紙は使用されてきた．段ボールや板紙の原料の約80%が古紙であり，新聞用印刷紙の約55%，雑誌用印刷紙の約30%の原料が古紙である（1995年現在，Yamashita, *et al.*, 2000による）．

  [*6] 現在では，大手製紙会社によるパルプ原料のトイレットペーパーも多く市販されているが，歴史的には衛生紙は中小製紙会社によって古紙から製造されていた．1970年代後半より大手製紙会社によるパルプ製のトイレットペーパーの生産が開始された．その後は古紙によるリサイクル製品は中小製紙会社，パルプ製品は大手製紙会社という棲みわけの時期が続いたが，1999年より大手製紙会社による古紙（牛乳パック）を原料としたトイレットペーパーの生産が開始され，棲みわけの構造は崩れつつある．

一方，消費者の排出から回収，再資源化の側を考えてみても，紙リサイクルには長い歴史がある．

従来，古紙は民間回収業者に有価資源として回収されてきた．紙の民間回収の歴史は古く，明治，大正期にも使用済みの和紙（反古(ほご)）を買い取る業者が存在していたことが知られている（松原，1893；1988）．また，東京においては1913年にすでに製紙会社への古紙納入の調整機関としての回収業者・問屋の

組合が設立されている（東京製紙原料協同組合，1998）．住民による集団回収は，1970年代にゴミの減量対策を主な目的に開始されたが，1980年代に入ってから地球環境保護・省資源という観点も加わり，さらに推進されている．行政による資源ゴミの分別回収は，1980年代まで仙台市や広島市を例外として，大都市ではほとんど実施されていなかった．しかし，1990年代に入り，急速に制度が普及しつつある．たとえば上述したように，2001年現在，東京23区部では22区で資源ゴミの分別回収が実施されている．缶，ペットボトル，発泡トレイなどのリサイクルは比較的近年開始されたものであり，このような長い歴史をもたない．また，ビンのリサイクルも，一部のビンの再利用は比較的長い歴史をもつが，それ以外は比較的新しい制度である．このように，紙リサイクルは長い歴史的背景をもつため，社会制度の重要な一部として溶け込んでおり，また多くの主体の生活に根深く結びついているということも，対象として紙を選んだ理由の1つである．

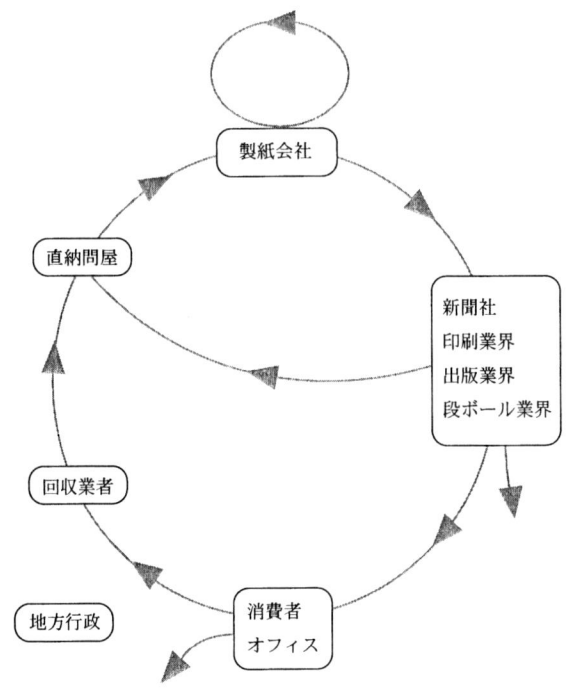

図 1.4　紙リサイクルのシステム

それでは，紙リサイクル社会にはどのような主体が関わっているのか．図1.4は紙リサイクルの流れと関連している主体を示している．紙の循環を血液の循環にたとえてみると，製紙会社が心臓にあたり，製紙会社から消費者に紙製品が送られる経路が動脈に相当する．また，消費者から古紙を回収し，製紙原料として再び製紙会社に戻る経路が静脈となる．このシステムの中では，産業消費者である，印刷業界，段ボール業界，新聞社，出版社，および最終消費者として，官公庁を含むオフィスと住民が主な動脈部分に関わる主体である．一方，民間回収業者，分別回収を実施する自治体，そして直納問屋（古紙を扱う商社を含む）が静脈部分をになう主体である．また，集団回収を行なう住民も静脈部分の一部と考えられる．すでに述べたわれわれの行なった目黒区の調査も含め，リサイクル行動，環境意識に関する研究は比較的蓄積されてきている．しかしこれら多くの研究は，住民の行動にのみ注目しており，リサイクルシステムを構成する他の主体についての研究を行なっているものはまれである．紙リサイクルシステム全体についての理解を進めるには，他の主体についての研究も不可欠である．

リサイクル社会全体のシステムを理解するには，このような多くの主体についての比較分析を行なっていくことが必要である．また，多くの主体が経済的活動としてリサイクルシステムに関わっていることが確認できる．そのため，リサイクル社会の研究には，市場調査的なアプローチも重要となる．本研究は，客観データに基づきヒアリングと市場調査，社会調査を駆使して，企業の戦略と流通，自治体の政策，住民の消費行動と廃棄物に対する意識の多様性を多面的に実態調査した．そして，関係主体の関係の構造や利害関係，協調可能性を実証的に把握することを目指した．

1.6　国際比較をするわけ

リサイクルシステムにおける障害の存在は，必ずしも我が国に固有の状況ではない．先進諸国では，それぞれの国情に合わせて独自のリサイクルシステムが構築されている．そして，各国ごとに異なる問題を抱えている．そのため複数の国のリサイクルシステムを比較・検討することによって，問題の共通性と独自性を明らかにすることが期待できる．そこで，1991年にいち早く包装廃棄物のリサイクルに関する法制を整備し，DSD社を中心にリサイクル社会へ

向けた取り組みを進めているドイツと，森林産業を主幹産業とする先進国における木材の主要輸出国であるスウェーデンの実態調査を行ない，リサイクルシステムの成立過程や今後の動向を把握するとともに，両国の消費者の意識構造をも調査し，多角的に各国のシステムを明らかにする．

2

世界の紙リサイクル社会のマクロ分析
―― 文献（アーカイブデータ）調査による

　2.1節では既存の統計データ[*1]を分析することで，世界の主要紙生産国の紙生産とリサイクル事情について概観していくこととする．また，2.2節から2.4節では，本書での国際比較の対象国である，ドイツとスウェーデン，そして世界最大の紙生産・消費国であるアメリカ合衆国について，もう少し詳しく見ていくことにする．

[*1] 特にことわりのない場合には，すべての統計データは日本紙パルプ商事が毎年発行している「図表：紙・パルプ統計」に基づくものである．

2.1　紙生産上位10か国の回収率・利用率・輸出入の分析

　図2.1は1998年における紙生産上位10か国の紙とパルプの生産量をプロッ

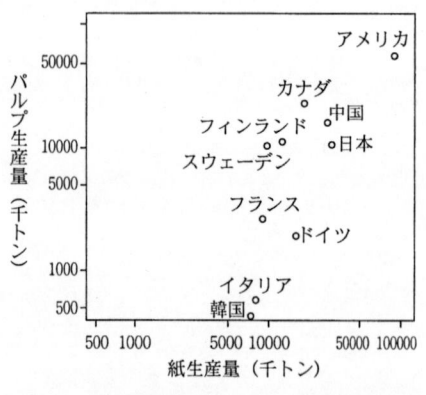

図 2.1　1998年における紙とパルプ生産（資料：*Annual Review* (Pulp & Paper International)）

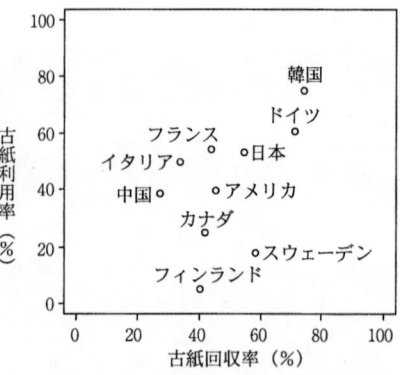

図 2.2　1998年における古紙回収率と利用率

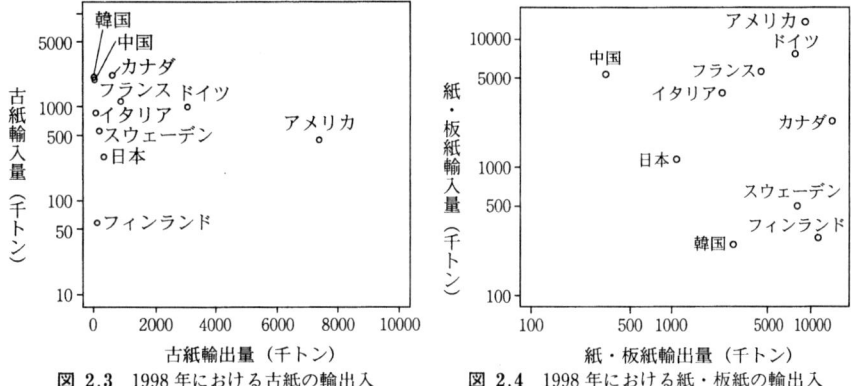

図 2.3 1998 年における古紙の輸出入　　図 2.4 1998 年における紙・板紙の輸出入

トしたものである．対数目盛であることに注意すると，アメリカにおいて紙，パルプともに生産量が卓越していること，カナダ，スウェーデンを除く8か国では紙生産量がパルプ生産量を上回っていることがわかる．

　図2.2は同諸国の古紙の回収率と利用率，図2.3は古紙の輸出入量，図2.4は紙・板紙の輸出入量をそれぞれプロットしたものである．古紙回収率とは紙・板紙消費量に対する古紙回収量の割合を示し，古紙利用率とは紙・板紙生産量に対する古紙消費量の割合を示す．古紙回収率は，国内で消費された紙の中で古紙として回収される割合を表すので，古紙の回収効率の指標となる．古紙利用率は製紙に占める古紙原料の比率を表すので，紙・板紙の輸出入が行なわれていない場合，古紙利用率が回収率を上回っているときには古紙の輸入量が輸出量を上回っており，下回るときには輸出量が輸入量を上回っていることを示す．また，紙・板紙が輸出されている場合には，回収された古紙がすべて製紙原料に使用されていても，生産量が使用量を上回るために，古紙利用率は古紙回収率を下回る．

　古紙の回収率では韓国，ドイツ，スウェーデン，日本が上位4か国である．そして韓国では利用率が回収率を上回っており，韓国が効率のよい古紙回収を行なっている上に，製紙のためにさらに古紙を原料として輸入していることがわかる．実際，韓国は年間約200万トンの古紙の輸入を行なっているが，輸出は行なっていない．

　イタリア，フランス，中国においては古紙利用率が回収率を上回っており，イタリアと中国は古紙の輸入国である．フランスは古紙の輸入・輸出とも行な

っているが，輸入量が輸出量を上回っている．

フィンランド，スウェーデン，カナダでは古紙利用率が回収率を大きく下回っている．これは紙・板紙の大量輸出国であるためである．カナダとスウェーデンにおいては製紙原料として古紙を輸入しているため，古紙の輸入量が輸出量をむしろ上回っている．

ドイツ，アメリカも古紙利用率が回収率をやや下回っており，古紙の輸出国である．また，ドイツにおいては紙・板紙の輸出入は均衡しているが，アメリカでは輸入量が輸出量を上回っている．つまり，アメリカは古紙を輸出して，紙・板紙を輸入している．

日本では回収率と利用率がほぼ同じである．また，紙・板紙の輸出入はともに約 100 万トンでほぼ均衡している．また古紙の輸出量（約 56 万トン）が輸入量（約 29 万トン）を若干上回るが，日本の全生産量が約 3000 万トンであることを考えると，古紙，紙・板紙輸出入ともに全生産量の 2% 以下であることがわかる．つまり，日本においては古紙の需要と供給がほぼ均衡しており，また紙の循環は国内でほぼ閉じている．

以上のように世界の紙生産と古紙回収，利用の状況を概観した上で，研究の比較対象国であるドイツ，スウェーデンと，世界最大の紙生産・消費国であるアメリカの紙リサイクル事情をもう少し詳しく追ってみる．

2.2　ドイツ連邦共和国

1998 年のドイツ[*2]の紙・板紙の生産量は約 1631 万トンで，世界第 5 位である．回収率は 70.7% と韓国についで世界第 2 位であり，利用率は 60.8% と若干低めではあるが，これも韓国についで世界第 2 位である．このようにドイツは世界で最も紙リサイクルが進んだ社会の 1 つである．古紙利用率が回収率よりも低いのは，輸入量（約 101 万トン）を大幅に上回る古紙の輸出（約 300 万トン）を行なっているからである．

[*2]　1999 年現在，ドイツ連邦共和国の人口は約 8206 万人で，面積は 35.7 万 km² （日本の約 94%），人口密度は 230 人/km² である．

ドイツでは 1980 年代後半から，埋立処分場の枯渇と廃棄物自体の増加が社会問題化した．また，政策の中で環境保護が重視されていることから，焼却処理に対する厳しい規制がなされていた．従来は環境規制の比較的緩い東ドイツ

2.2 ドイツ連邦共和国

にゴミを輸出していたが，1990年の東西ドイツの統一後は環境規制も一体化したために，東部へ移送し処理することが困難になった．またフランスなどの国外への廃棄物輸出という手段も閉ざされたために，問題を打開する手段として包装容器の回収を生産者と流通業者に義務づける包装廃棄物規制令が1991年に施行された（Ackerman, 1997）．

この制令では，すべての包装材について，使用後，当該産業が回収し，公共の廃棄物処理以外のルートで再利用・再生しなければならないとされた．この回収の義務を個々の企業が独自に果たすことは困難であるため，業界は共同でその義務を代理として果たす民間機関DSD社（Dual System Deutschland AG）を設立し，包装材の回収と再利用・再生を行なうデュアルシステムを運営させている．デュアルシステム（二元システム・二重システム）という名称は，行政の事業である廃棄物回収・処理に加えて，DSD社が役割を分担しつつも補完的に廃棄物回収・処理を行なうことを意味している．

デュアルシステムが回収の対象としているのは「緑のマーク（Gruene Punkt）」が表示された包装容器のみである．デュアルシステムに参加する企業はこのマークの使用契約をDSD社と結び，ライセンス料をDSD社に支払うことで，製品にマークを表示することができる．消費者はこのマークの表示された包装容器をDSD社が用意した回収ボックスに入れることができる．ライセンス料は製品の価格に上乗せされ，最終的には消費者が負担することになる．DSD社はこのライセンス料を財源にして，回収・分別業務を行なう[*3]．分別回収された包装容器は，再生利用を行ない，焼却や埋立処理をしないという契約をDSD社と結んでいる保証人業者（guarantor）に引き渡される．この契約では，回収・分別した古紙の輸出は許されている．このライセンス方式は，程度の差はあるが，フランス，オーストラリアなどヨーロッパ各国に波及していった．

[*3] 実際の回収，分別業務はDSD社と契約を結んだ業者が行ない，DSD社はシステムの調整を行なっている（4.3節参照）．

デュアルシステムにおいては，紙を回収する緑色のコンテナ，紙以外の包装材を回収する黄色のコンテナ，そしてその他の廃棄物を回収する黒色のコンテナの3種類の回収ボックスが各家庭に準備される[*4]．紙を回収する緑色のコン

テナに関しては，包装容器以外のものも含まれているために，全回収量の25％を包装材とみなし，その分の費用をDSD社が負担する契約になっている．黄色のコンテナは無料で回収され，住民が直接費用を支払うのは黒色のコンテナの回収のみである．

[*4] そのほかに，町の拠点にガラスビンを回収する金属製の大きな回収ボックスが準備される．そこでは，ガラスビンを白色，緑色，茶色に分けて回収している．

また，新聞・雑誌古紙の回収は回収基地への持ち込みが主で，道端に設置されたコンテナからの回収も行なわれている．この場合の回収は民間業者あるいは自治体が行なっている．段ボールは，会社に備えられたコンテナに収められ，多くの場合，地方政府と契約した民間の古紙業者が回収する．

このようにドイツでは，効率のよいリサイクルシステムが社会の中に確立されているために，古紙回収率が非常に高い．また，この制度では再生資源業者に引き渡される古紙に回収の費用がかからないため，国際的に見て廉価な価格での輸出が可能である．実際，回収された古紙のうち，再生紙原料やその他の需要を上回った分の輸出は盛んである．そのため，古紙回収率と比較して，古紙利用率は低くなっている．

2.3 スウェーデン王国

スウェーデンは国内に多くの森林資源をもつ．現在は情報通信を中心とした電子産業に抜かれたものの，依然として森林産業はそれにつぐ生産額をもつスウェーデンの主要産業である．また原生林は数％であり，残りは人工林である．常に一定量の伐採を行ない，木材資源を使用することは，健全な生態系を保つためにも必要である．1998年にスウェーデンでは年間約1000万トンの紙が生産されたが，そのうち約800万トンは輸出されている．古紙も約279万トン輸出されていた．一方，紙・板紙，古紙ともに輸入量は非常に少ない．このように，森林資源が重要な輸出品であることがわかる．

スウェーデンの人口は約855万人（1999年現在）で日本の約15分の1であり，それが日本の約1.2倍（約45万km^2）の国土に広がっている．このように人口密度が低く，また首都ストックホルムでさえ人口は72.7万人と居住地が分散しているため，古紙の回収を効率的に行なうことは難しい．しかし，ス

ウェーデン議会は1993年，生産者に古紙回収を義務づけ，現在では古紙回収率は約55%と高い水準にある．他方，森林資源が豊富であり，また古紙の輸出が盛んなために，古紙利用率は13%にとどまっている．回収した古紙を燃焼させてエネルギーとして利用するケースも多い．

このように高い古紙回収率は住民の環境への意識の高さによるところも大きい．豊かな森林をもち，また森林産業が主要産業であるため，スウェーデンの住民の森林に対する関心は高く，森林を愛する気持ちも強い．また，学校教育の中での環境教育にも長い歴史をもっている．スウェーデンでは1960年代後半に国境を越えて飛来する大気汚染物質（酸性雨[*5]）によってスカンジナビア半島の森林や湖が被害を受けていることが問題化し，1969年に「環境保護法」が制定されている．そのため1970年代初頭から自国の問題としてのみならず，地球規模での環境に対する意識が高まり，学校教育カリキュラムの中に環境教育が取り入れられてきた．住民の環境意識の高さは，すべての政党が立場を超えて環境政策においては同じように環境保護の推進の立場をとっており，また新聞，テレビなどのマスコミが環境問題を報じない日がないくらいであるということからもうかがえる（4.4節参照）．

[*5] 工場や自動車から排出された硫黄酸化物や窒素酸化物が大気中を移動する間に酸化が進み，雨，雪などに含まれて降るものを指す．工業の大規模化や高い煙突で煙を拡散させる技術が普及したことによって，広い範囲で問題化した．1960年代後半以降，欧州全般，北アメリカ東・中部などの広い範囲で問題化している．

2.4 アメリカ合衆国

アメリカ合衆国は州・郡単位の自治が徹底しており，また日本の約25倍という広い国土（約936.4万 km^2）をもち，地域ごとに環境のもっている条件が異なるために，各地域ごとに廃棄物やリサイクルに関する状況は大きく異なる．1960年代に大気汚染や海洋汚染が深刻な社会問題化し，その対策のために最も進歩的な環境対策をとってきた西海岸地域（特にカリフォルニア州），および高度の土地利用が進み，廃棄物処理施設や埋立てのための用地不足が問題化している東海岸の大都市地域では廃棄物問題やリサイクルに対する意識も高く，リサイクル制度も発達している．一方で広大な用地が存在するために，まだ埋立てのための用地を確保できる中西部，南部地域では廃棄物処理が深刻

な問題化するまでに今少しの時間的猶予がある．しかし，土地資源は無限ではなく，また環境保護という観点から今後リサイクル制度が普及していくことは間違いのないことであろう．

2.1 節で示したようにアメリカは紙・板紙の生産量（約 8586 万トン），消費量（約 9095 万トン），さらに国民[*6] 1 人当たりの消費量（約 336.5 kg/年）のすべてにおいて世界最大の国である．また，アメリカは大量の紙の輸入と板紙の輸出を行なっている．1998 年の紙の輸入量は約 1263 万トン（輸出は約 298 万トン），板紙の輸出量は約 610 万トン（輸入は約 151 万トン）であり，いずれも世界最大である．アメリカの古紙回収率は 1970 年代において徐々に伸び，80 年に 26% 台になってから停滞していた．しかし，1980 年のアースデー[*7]を契機に 1985 年頃から急速に伸び始め，1998 年には 45% に至っている．ただ，国内の古紙需要はこれにともなわないため（古紙利用率は 40% である），余剰は輸出に向けられることとなり，1995 年には古紙輸出量が 900 万トンを越えた．このうち約半分が極東・オセアニア向けで，2 割がカナダ，15% がメキシコ向けである．1998 年の古紙輸出量は多少減少したものの，約 735 万トン（輸入は約 46 万トン）を維持している．この輸出量はカナダについで世界 2 番目の規模である．つまりアメリカは世界最大量の紙・板紙を生産し，また大量の紙を輸入し，それらを消費している一方で，回収した古紙は輸出しているという構造が見てとれる．

[*6] 1998 年現在の人口は約 2 億 7264 万人．
[*7] 地球環境保護を訴えるために 1970 年にアメリカで起こった市民運動である．4 月 22 日を中心にして全世界で活動が行なわれる．

ここでアメリカ国内における紙の循環の静脈部分について見てみる．日本においては，末端の回収業者から直納問屋経由で製紙工場に至るか，あるいは直納問屋から商社経由で製紙会社というルートになるのに対して，アメリカには直納問屋という存在はなく，古紙ディーラーと呼ばれる業者が静脈部分になっている．これは製紙会社が部門として抱える場合もあるが，大半は独立した会社（independents）である．

古紙の回収の形態は，主な古紙品種である段ボールと新聞紙で異なっている．段ボールは，① 末端の回収業者から古紙ディーラー，製紙工場へというルート，② 坪先（工業団地などの大量発生元）から古紙ディーラー，製紙工

場へというルート，③坪先から直接製紙工場へというルート，および，④坪先から産廃業者を経由して製紙工場へというルートの4通りがある．新聞紙はそのほとんどが住宅からのものであるが，末端の回収業者から古紙ディーラー，製紙工場に至るか，住民による集団回収から古紙ディーラー，製紙工場に至るかの，いずれかのルートが主である．なお，実際に回収を行なう業者は多くの場合，市や郡の業務委託を受けている．

事業所においては以前から廃棄物回収は基本的には有料であったが，1970年代まではサンフランシスコなど一部の地域を除くと家庭ゴミは税金（たとえば固定資産税，property tax）で費用負担されてきた．しかし，廃棄物処分場の不足から，家庭にも従量制（unit pricing あるいは volume based pricing）の有料化を取り入れる地域が増え，現在では全米で約2000の地域で実施されている．一方，資源廃棄物の回収は基本的に無料である．制度導入と実施に関する行政向けマニュアルも発行されている（たとえば EPA（1994）"Pay-As-You-Throw : Lessons learned about Unit Pricing"）．

環境問題を考えれば，リサイクルの普及は望ましいことではあるが，古紙の回収量が急速に伸びてきて，いまや需要を大きく上回ってしまい，過剰在庫になっていることが問題化している．そこで，アメリカリサイクル連合（National Recycling Coalition ; NRC)[*8]では，1992年にリサイクル商品購入企業同盟（NRC's Buy Recycled Business Alliance）を設立し，再生製品の需要を喚起している．また，アメリカの古紙は古紙利用率が40%と低く，再利用率の高い日本の古紙と比べて，良質な繊維が多く含まれている[*9]．そのため，国際的な評価が高く，輸出に有利となっている．

[*8] NRCとはリサイクルに従事する4700あまりの個人，会社，地方政府からなる非営利団体で，この分野では全米最大である．リサイクルに関してバランスのとれた情報を提供するとともに，35のリサイクル機関と提携して地方，州，国家レベルでのリサイクルプログラムを展開している．また，リサイクルを，製紙工場や印刷業界などの製造過程で出た紙片などを使用する消費者前リサイクル（preconsumer recycling）と，消費者の手に渡ったもののリサイクル（postconsumer recycling）に分け，特に後者の回収率を高めるよう呼びかけている．トイレットペーパーやPPC用紙には，たとえば「古紙100%利用，うち消費者後のものは30%以上」という表示がなされている．

[*9] 古紙利用率が高いということは，同じ繊維が何回も循環していることを意味している（Yamashita, et al., 2000）．繊維は循環を繰り返すうちに，長さが短くなり，原料投入量に対する製品重量の割合（歩留まり）が小さくなってしまう．

3

業界紙に見る紙リサイクル社会の激動

　ここで再び日本のリサイクルの状況に戻る．われわれが紙リサイクル社会を研究してきた中で特に感じたことの1つは，あまりにも早く状態が変化していくということであった．また，1つの変化がさまざまに波及し，リサイクル社会の全体の構造を劇的に変化させてしまう．これらの激動を目のあたりにして，われわれは紙リサイクル社会を研究する際に重要なことは，ある時点における特定の問題について研究することではなく，変動していく社会構造と，その変化を起こし，またその変化を受けとめるさまざまな立場の人々について研究することであるとの認識をもつようになっていった．

　本章では，個々の調査研究について紹介する前に，われわれが研究を行なっていた1997年から2000年にかけて紙リサイクル社会に起こった変動を概観していくことにする．今から振り返ると，この時期は紙リサイクル社会にとって特に劇的な変化が，数多く起こった時期であることがわかる．この変動の流れを理解してもらうことで，後の章に示すわれわれが行なってきた調査・研究が，どのような問題意識からなされたのかを理解していただけるだろう．

　変化の流れを時系列的に示す方法として，ここでは紙と古紙業界の代表的業界紙である「古紙ジャーナル」の記事を追っていくこととする．業界紙には，一般紙やテレビなどでは報道されない，紙リサイクル社会に関する特殊な情報が詳しく報道される．また，変動の予測や，その時期の変化の総括などが掲載されるため，この紙面を追っていくことで紙リサイクル社会の変化を詳しく，かつ，容易に理解することが可能になる．

　「古紙ジャーナル」は，古紙ジャーナル社による月曜日発行の週刊紙である．紙名のとおり，古紙業界に関する業界紙であり，記事の中心は古紙市況，製紙

会社（メーカー）の動向，古紙回収制度の解説である．また海外の古紙事情の紹介にも力を入れている．

3.1　1997年の状況：古紙余剰

われわれが研究を開始した1997年においての紙リサイクル社会における一番大きな問題は，古紙問屋における古紙の過剰在庫と，それにともなう古紙価格の低迷であった．

この時期，住民の地球環境問題への意識の高まりから，古紙を含む，再生資源の集団回収が盛んになり始め，また地方自治体は補助金を出すなどしてこれを推奨した．さらに，「新廃棄物処理法」，「リサイクル法」の施行を受けて，事業所の廃棄物処理責任に関する条例の施行が各地で始まり，古紙の分別回収の義務づけが強化されていた．このような動きの結果，古紙の回収量は増加した．しかし，経済的には景気の低迷が続き，紙の生産量は増加せず，製紙会社における古紙の需要を上回ってしまった古紙は，古紙問屋に在庫として蓄積され続け，1997年の2月から3月にかけて史上最大の古紙の過剰在庫が生まれた．そもそも，日本の古紙問屋は海外の業者と比べてそれほど大きなストックヤード（在庫の蓄積所）をもたないため，この時期にはすでに在庫量としては限界であった．また，新しい在庫倉庫を借りることに対しても，もはや余剰倉庫は少なく，費用的な限界も生じていた．そのため，古紙問屋における古紙の回収業者からの買い入れも停滞し，古紙の価格も下落した．これにより回収した古紙に値段がつかず，古紙回収業者に対する影響も大きくなっていた．また回収がなされた場合には無償，または逆有償という現象が起こり始めていた．逆有償とは，従来，資源とみなされ有価物として回収業者が買い取っていた古紙に対して，逆に一定の料金を排出元が支払って引き取ってもらうことであり，無償とはただで引き取ることである．このように，従来の古紙回収システムに重大な変化が起こっていた．

また，古紙は時間とともに劣化する．一定の期間を過ぎた古紙は，繊維が劣化したり，インクが定着して脱墨（再生紙製造過程で印刷に使われていたインクを取り除くこと）が困難になったりして，再生紙の原料としては適さないものになってしまう．つまり，古紙の在庫はいつまでもそのまま置いておけば，価値のないものになってしまう．古紙業界は，古紙問屋における過剰な古紙在

庫を緊急に処分する必要に迫られていた．

3.2 古紙の過剰在庫と緊急輸出

1997年初頭に最大になった古紙在庫の過剰状態が続き，この古紙の供給過多は古紙価格の下落を引き起こしていた．このため，古紙回収業者は，行政や製紙会社に対する対策の要望を表明し，また在庫を減らすために，採算を度外視した古紙の輸出を開始していた．(本章の▶に続く文は古紙ジャーナルの見出しである[*1]．)

[*1] 意味を理解しやすくするために，一部，文章の前後を入れ換えている．

▶ 1997年5月12日── **全原連，決起大会で，古紙利用促進法の早期制定を国に要請**（図3.1）

直納問屋（古紙を製紙会社に卸す問屋）約800社で組織する「全国製紙原料商工組合連合会」は，4月21日に古紙再生利用促進を訴える決起大会を開いた．行政のゴミ減量，リサイクル促進によって，市場原理が働かなくなり，古紙の過剰在庫から回収システムが崩壊の危機にあることを訴え，古紙余剰対策として利用促進のための対策を国や消費者に要望した．そして，古紙のリサイクルシステムを確立するために必要な対策として，① 再生紙の積極的な使用，② 古紙余剰時の備蓄基地などの整備，③ 消費者の分別回収への協力，④ 古紙の利用促進のための法整備などを求めた．

▶ 1997年5月12日── **東京都，通産大臣と製紙連会会長に対し，古紙利用促進を緊急要望**

東京都は，通産大臣と製紙連合会会長に対して，古紙の利用促進を訴える要望書を提出した．要望書は，現在の古紙の余剰は回収業者の自助努力だけで解決できる限界を超えており，国レベルでの古紙利用促進策が必要であり，その中心となる製紙業界の古紙利用への積極的な施政が不可欠であるという主旨の内容であった．

▶ 1997年6月16日── **古紙輸出1万トン台へ，2年半ぶりの大台乗せ．5月さらに増える見通し**

国内の余剰古紙の輸出量が順調に増加した．しかし，この時期は採算を無視した余剰整理という意味合いの輸出であった．

▶ 1997年8月11日── **家庭紙向け古紙，昨年のピーク時から見て10から**

図 3.1 古紙ジャーナル・1997年5月12日号

図 3.2 古紙ジャーナル・1997年10月6日号

11円もの下落／下落で国際競争力高まる

国内の古紙価格が下がり，国際相場に近づいたために，国際競争力が高まってきた．

▶ 1997年10月6日──**輸出がビジネスとして可能に… 国内価格の下落で**（図3.2）

国内の古紙価格がほぼゼロになり，現在の輸出価格で採算がとれる商業輸出の可能性が見えてきた．

3.3 古紙の過剰在庫から古紙不足へ：緊急輸出から商業輸出への変化

国際市場で古紙価格が上昇し，加えて海上輸送費が急落した．また，輸出を始めた業者が，輸出の方法を工夫する努力を始めた．そのために古紙輸出で徐々に採算がとれるようになり，その結果新しく多くの業者が輸出に参入し，

図 3.3　古紙ジャーナル・1998 年 3 月 23 日号

輸出量が順調に増加した．

▶ 1998 年 3 月 23 日──　**3 月の古紙輸出，船積ベースで過去最高の商社も…　中国向輸出，今年は増える見通し**（図 3.3）

　全品種の古紙が古紙問屋において過剰在庫になっていた．そのために古紙問屋数社がアジア向けの古紙の緊急輸出を行なった．

▶ 1998 年 5 月 18 日──　**段原紙，減産と輸出で過剰在庫の圧縮へ．輸出，月間 1 万トン台に回復の見込み**

　段ボールの製造が減産され，また輸出も順調に続き段ボール古紙の過剰在庫が減少した．また，輸出価格が上昇したために，新聞古紙の輸出も順調であった．

▶ 1998 年 6 月 15 日──　**回収雑誌，韓国向けに大量成約．韓国回収減から**

古紙不足に／日本が欧州を上回る．台湾の輸入古紙

　韓国の国内で雑誌古紙の回収量が減少したため古紙不足になり，雑誌古紙の価格が急上昇した．そのため韓国向けの雑誌古紙輸出が増加する．また，フレート（海上運賃）の値下げなども後押しして台湾への古紙の輸出先として日本が最大になるなど，輸出が順調に伸びた．

▶ 1998年7月13日 ── **韓国に雑誌を500トン．8月にも500トン予定／静岡，板紙大手の発注はさらに減少**

　古紙輸出の好調と国内で古紙消費の減少傾向が持続した．

▶ 1998年7月20日 ── **新聞雑誌などのFOB価格，国内価格を上回る水準に．7〜8月の輸出，4月を上回るか**（図3.4）

　新聞，チラシ，返本雑誌（残本）などで，輸出価格が国内船積み価格（FOB）で国内価格を上回り始める．したがって，問屋自らがコンテナ積みを行ない，問屋の古紙集積所が輸出港にある場合には手取りベースで国内での販売と変わらない輸出が可能になった．

▶ 1998年7月23日 ── **6月だけで3万トン．台湾上回り，国別でトップ**

図 3.4　古紙ジャーナル・1998年7月20日号

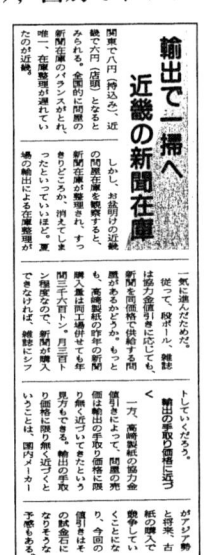

図 3.5　古紙ジャーナル・1998年8月31日号

ヘ．韓国向け古紙輸出

韓国向けの古紙輸出が本格化した．またコンテナ船ではなく，従来船を用いたバラ積み方式を用いることで，コンテナ設備のない地方からの輸出が可能になった．バラ積み方式とは，古紙を鋼線で梱包し，それを船倉に直接積み込む方式である．

▶ 1998年8月3日——**輸出価格ジワリ上昇へ／関東の在庫整理進む**

古紙の輸出価格がさらに上昇し，古紙の輸出が過剰在庫の処理から商業ベースへと完全に移行した．またバラ積みによる地方港からの輸出が可能になり，地方業者による輸出が盛んになった．関東地方では古紙の在庫整理が進み，古紙の余剰感は払拭された．

▶ 1998年8月10日——**関東・静岡地区メーカーの裾物3品の在庫率，今6月は昨12月比で20％も減少．需給反転は意外と早い**

古紙輸出全体の好調が持続し，裾物3品と呼ばれる古紙主要品目である，新聞古紙，雑誌古紙，段ボール古紙の在庫の減少が続く．

3.4 DIP設備投資の活発化

この時期の国際為替レートは円安傾向（8月6日現在1ドル＝144.49円）であった．そのため輸入原料（木材パルプ）が高騰していた．輸入原料高に対抗するために大手メーカーによる，DIP設備をもった洋紙（普通の印刷・情報紙のこと）の製紙施設建設の計画が活発化する．DIPとは古紙を用いて再生紙を製造する過程で，古紙に印刷されていたインクを取り除いた（脱墨古紙パルプ）製紙原料であり，この脱墨技術により新聞・雑誌など印刷がなされている古紙から，白色の再生紙を製造することが可能になる．このため，近い将来に洋紙の原料の主流が輸入木材パルプから古紙に移行することが予想され，古紙の需要増が見込まれた．また，古紙の輸出も依然好調を続けており，これらの2点から，今までの古紙余剰と一転して，将来の古紙不足が予測され始めた．

▶ 1998年8月24日——**DIP投資，一段と活発へ．円安進行による輸入原料高が背景に**

円安が進行し，古紙パルプの輸入価格が上昇した．その対策として複数の大手洋紙メーカーが，近年技術開発が進んだDIP設備への投資計画を発表した．

それにともないDIP使用による古紙利用量の増加が予想された．

▶ 1998年8月31日──**裾物3品，メーカー，問屋在庫は一段と減少／輸出で一掃へ．近畿の新聞在庫**（33ページ図3.5）

古紙在庫の輸出の好調が続き，製紙会社と古紙問屋両方における古紙裾物3品（新聞古紙，雑誌古紙，段ボール古紙）すべての在庫が順調に減少する．

▶ 1998年9月14日──**DIPの能力増，2社で月間7000トン**

大手洋紙メーカー2社のDIP設備投資計画がさらに発表され，新たに月間7000トンの古紙需要増が予測された．

▶ 1998年10月19日──**DIP新増設，洋紙各社の古紙利用本格化へ**

洋紙メーカーによるDIP技術を使用した古紙利用が本格化するとの認識が進む．

3.5 国内古紙価格の上昇と古紙不足へ

それまでは古紙不足の場面で古紙輸入という選択肢をもっていた製紙会社（メーカー）が古紙価格を決定する力をもっていたために，古紙の価格は国内の需給のバランスにかかわらず，安値で安定していた．しかしここにきて，古紙問屋が輸出という選択肢を手に入れ，また円安によってメーカーの古紙輸入が難しくなった．好調な古紙輸出と洋紙メーカーのDIPへの投資増加からくる古紙不足の観測から古紙の価格の上昇が始まった．DIP設備投資は，メーカーが円安による原材料高に対抗するという動機に加えて，産業消費者（印刷会社・出版社）に始まった再生紙利用の志向が拍車をかけた．そして，DIPの普及が従来の古紙利用の構造を変化させ，雑誌古紙の需要が急速に増加した．

▶ 1998年10月26日──**上物古紙の値上げ，4～5社が2円上げ呑む．浸透すれば3年ぶり**

静岡県の衛生紙メーカーと関東の古紙問屋の価格交渉で，模造・色上古紙の価格が3年ぶりに上昇した．模造・色上とは古紙の種類で，墨付印刷のある上質紙，色刷りした上質紙および塗工紙のことで，裾物3品よりも上質で，価格は高い．

▶ 1998年11月23日──**古紙，余剰から一転して不足へ．急変する需給環境．長引くそれとも1時的現象？／洋紙の新聞古紙利用の本格化で板紙メーカ**

図 3.6 古紙ジャーナル・1998 年 11 月 23 日号

一，使用古紙を雑誌にシフト．雑誌不足の原因は？（図 3.6）／各品種，1万トンを割ると不足に．関東主要 32 社の在庫／古紙輸出に急ブレーキ．来年は輸入が増える!?

技術革新により洋紙メーカーが新聞用紙に対する古紙配合を徐々に増加させ，また DIP 設備投資を増強し，印刷・情報洋紙への古紙利用を本格化させていた．また，古紙の輸出は好調を持続していた．そのために国内の古紙の過剰在庫が解消され，逆に近い将来の古紙不足の観測が支配的になってきた．輸出する余剰がなくなり，輸出にブレーキがかかった．また，洋紙の製造のため

3.5 国内古紙価格の上昇と古紙不足へ

新聞古紙の利用が本格化したために，板紙メーカーは使用する古紙を新聞古紙から雑誌古紙に移行させた．その影響で今度は雑誌古紙が不足してきたが，段ボール古紙の需要だけは取り残された．

▶ 1998 年 11 月 30 日──── **DIP 現有能力，日産ベースで1万2000トンに．大手4社が1000トンを超える**

印刷会社・出版社などの産業消費者が再生紙を指定して使用するようになったことで，洋紙メーカーの DIP 投資に拍車がかかる．

▶ 1998 年 12 月 14 日──── **新聞古紙輸入，フレート（海上運賃）値上がりで12月の駆け込み成約膨らむか**

需要増加が進行し，古紙は余剰から不足傾向に転じた．さらに集団回収による新聞古紙の供給は冬場に減少するために，洋紙メーカーは原料の新聞古紙の

図 3.7　古紙ジャーナル・1999 年 1 月 18 日号

不足を補う必要に駆られていた．また，この時点ではアメリカからアジア向けの海上輸送費が非常に安くなっていたが，近い将来の値上げが予想されていた．このため洋紙メーカーは今のうちに新聞古紙を確保するために輸入を開始した．

▶ 1999年1月18日──**衛生用紙向け古紙，生産好調でメーカー在庫は綱渡り．関東業者，再値上げに動くか**（図3.7）

衛生用紙（トイレットペーパー，ティッシュなど）は大型小売店などの安売りの目玉商品などとして，過当な価格競争から実質的な価格が非常に下がり，収益率が減少していた．そのため4月頃から大手製紙会社が価格回復のために減産を行なっていたが，その結果，大手製紙会社の製造するパルプ製の衛生用紙の出荷が減少し，中小製紙会社の製造する再生紙トイレットペーパーの販売量が増加した．再生紙の衛生用紙の販売量が増加するにともない，その材料となる古紙の需要が増加し，古紙価格が再び上昇するとの予測がなされた．

▶ 1999年2月8日──**衛生用紙向け古紙，洋紙の使用古紙の拡大で逼迫感は当分続く？**

前年末以来の再生紙トイレットペーパー販売の好調，および洋紙メーカーが従来，古紙トイレットペーパーの原料に使用していた上物古紙の使用を本格化させたために，中小トイレットペーパーメーカー向けの古紙が不足し始めた．

▶ 1999年2月14日──**初年度から集団回収を上回る勢い．東京23区の古紙の分別回収／23区の回収増で雑誌需給は緩む？**

この年に開始された，東京23区における古紙の分別収集の回収量が順調に伸びた．そのため，雑誌古紙不足が解消されるかもしれないとの展望が生まれる．

▶ 1999年2月22日──**新聞から雑誌へのシフトで雑誌不足は年内続く**

従来，板紙（段ボール，ボール紙など）の製造に使用されていた新聞古紙や返本雑誌（残本）が，DIP技術により洋紙の製造に使用されるようになった．そのため，板紙向けに不足した新聞古紙に対する代替原料として，新聞古紙や，返本雑誌よりも品質の低い回収雑誌やオフィス古紙の使用が増加することが予想された．返本雑誌とは印刷所や書店から返本された雑誌で，比較的均質である．それに対して回収雑誌は，家庭や事務所から回収された雑誌を中心とした古紙で，品質は返本雑誌よりも均質性が低く，悪い．オフィス古紙とは事

務所から排出される古紙で，上質紙が中心だが，均質性はそれほど高くない．

3.6 分極化する裾物古紙市況：需要が増加する雑誌古紙と減少する段ボール古紙

それまでは足並みをそろえてきた裾物3品の間に格差が生まれた．主にDIP普及による製品と使用する古紙の対応関係の変化によるものである．従来は使われていなかった新聞古紙，雑誌古紙が洋紙の製造に使われるようになったため，新聞古紙，雑誌古紙の需要が急増するが，段ボール古紙の需要は，主な用途である段ボール原紙の製造減もあり，むしろ減少傾向であった．また，新聞古紙と雑誌古紙の関係では，雑誌古紙による新聞古紙代替の傾向が強まる．これは，新規DIPによる古紙需要の高まりが，新聞古紙回収量の減少

図 3.8　古紙ジャーナル・1999 年 3 月 1 日号

傾向にともない，主に雑誌に集中したためである．新聞古紙回収量の減少の理由としては，新聞用紙の輸出が増えたことなどが考えられていた．輸出されてしまった新聞用紙は国内で回収されることがない．また，不景気によるチラシの減少も影響していた．

▶ 1999年3月1日——**古紙の分別収集，大幅に減少．仕入れ価格上昇でアパッチ増える．東京都品川区**（図3.8）／**前年比1.7%減に．段ボール17年ぶりのマイナス成長**

新聞古紙の価格が上昇し，雑誌古紙の逆有償が減少したために，アパッチが増加した．アパッチとは，行政による分別回収の集積場に集められている古紙を，都が回収する前に民間回収業者が回収してしまう行為を示す．また低迷する景気を反映して，段ボールの消費が減少した．

▶ 1999年3月8日——**段ボール，関東で下げの動き．新聞は8年ぶりに反騰も**

段ボール古紙の価格が下がる．

▶ 1999年3月22日——**段ボールと新聞の格差過去最大に**

段ボール古紙の価格はますます下落して，従来，新聞紙と同等か，それ以上の価格であった段ボールの価格が新聞古紙の価格を下まわり，その価格差が過去最大を記録した．

▶ 1999年4月12日——**近畿地区も段ボール1円下げ**

段ボール古紙価格下げさらに続く．

▶ 1999年5月17日——**古紙消費，牽引役は新聞ではなく雑誌．新聞回収の落込みが影響か**

新聞古紙の回収が減少し，雑誌古紙への代替の関心が高まる．秋に向けてのDIP施設の新規稼動を控えて，新聞古紙の回収が回復しない場合，新聞代替古紙への依存が高まるとの予測がなされた．

3.7 段ボール古紙の輸出開始

国内で需要が伸びず，裾物品の中で唯一在庫の余剰感が続いていた段ボール古紙の国際取引価格が急騰し，国内販売価格を上回る．そのため，国際競争力が生まれ，黒字での輸出が開始された．

▶ 1999年6月7日——**足立区，集団回収を上回る勢い．雑誌6割を占め**

る／新聞は 15%．アパッチが原因か

東京 23 区内の分別回収が好調だが，主に雑誌が回収されている．新聞はアパッチされてしまうためと思われる．

▶ 1999 年 6 月 7 日——　**段原紙輸出，月 2 万トン台へ**

アメリカの段原紙の価格が上昇したために，段原紙，段ボール古紙の輸出が開始された．

▶ 1999 年 6 月 28 日——　**台湾向の段ボール古紙，年初に比べて 20 ドル上昇．輸出価格，国内価格を上回る勢い**（図 3.9）

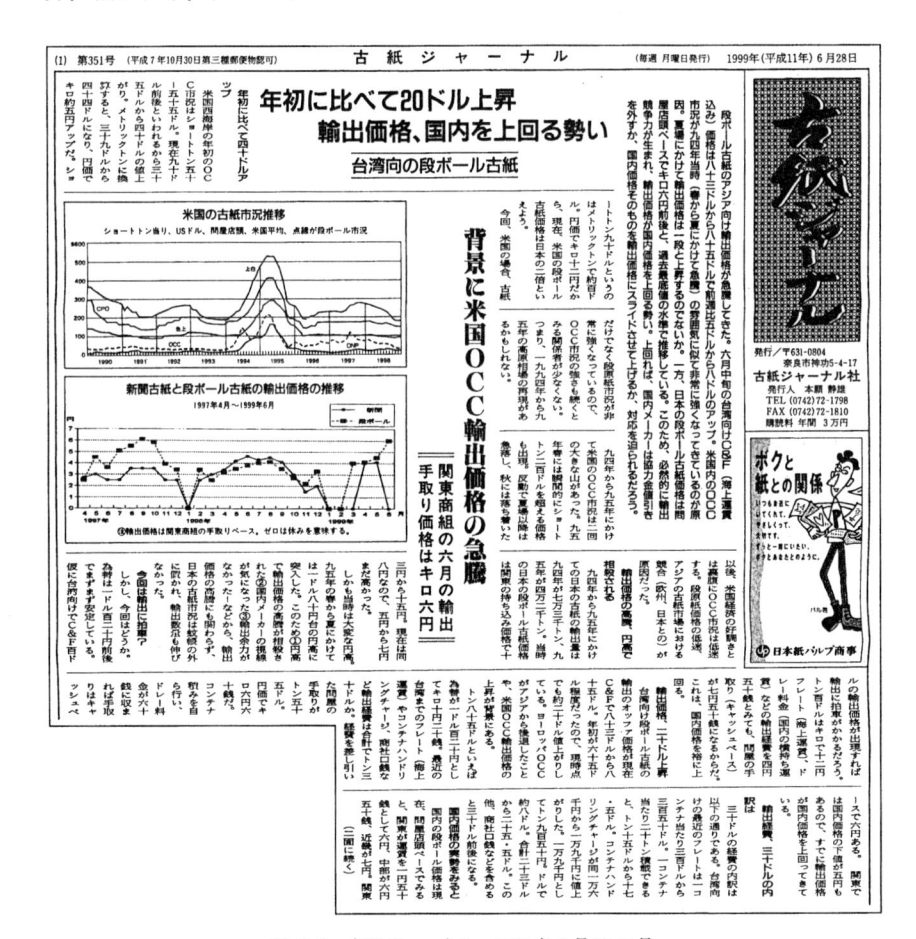

図 3.9　古紙ジャーナル・1999 年 6 月 28 日号

段ボール古紙のアジア向け輸出価格が急騰するが，国内価格は過去最安値を推移していたために，輸出価格が国内価格を上回りそうになる．このために輸出競争力が生まれ，内外価格が逆転すると段ボール輸出が急増すると予測された．

▶ 1999 年 7 月 5 日──**日本段ボール古紙，台湾向け価格が問屋手取りで 7 円台も／国内価格を，一気に上回る．円価で 15 円，日本の 2 倍強に上昇**

段ボール古紙の輸出価格が国内価格を上回る現象が現実化し，黒字輸出が現実化する．

▶ 1999 年 7 月 19 日──**段ボールに続いて雑誌も国内価格を上回る．問屋の手取りベースの輸出価格**

雑誌古紙の国際価格も国内価格を上回った．

3.8 輸出のための古紙の不足

段ボールに引き続き，雑誌古紙の国際取引価格も国内価格を上回り，国際競

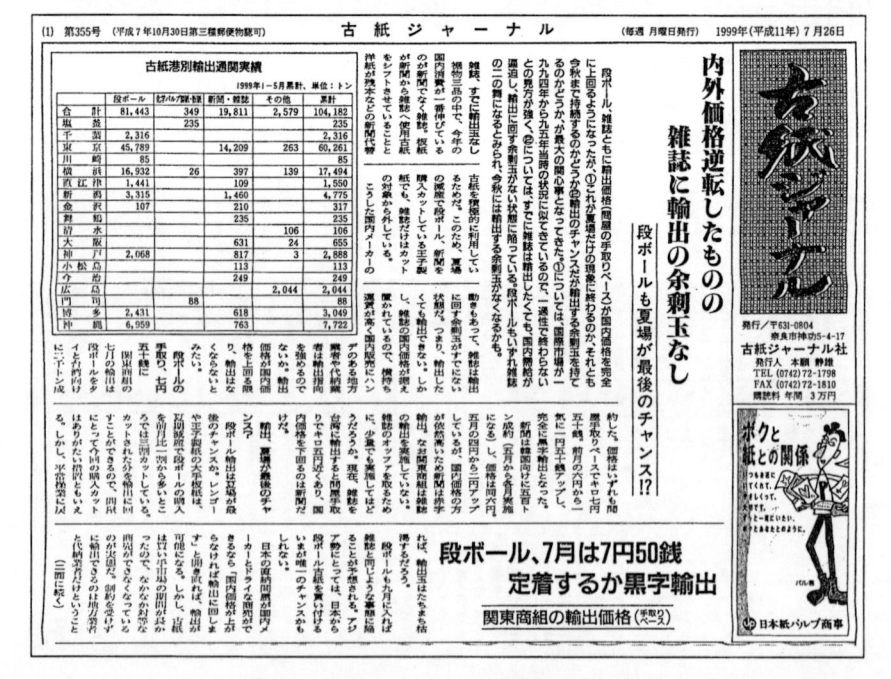

図 3.10 古紙ジャーナル・1999 年 7 月 26 日号

争力をもったが，供給量が国内製紙会社の需要をみたすのに精一杯で輸出にまわす余剰が存在しなかった．段ボール古紙の輸出は順調に進んだが，秋には段ボールも輸出する在庫がなくなってしまうだろうという予測がなされた．

▶ 1999年7月26日——**内外価格逆転したものの雑誌に輸出の余剰玉なし／段ボールも夏場が最後のチャンス!?**（図3.10）

雑誌古紙の内外価格差が逆転したが，国内の需要も順調で在庫に輸出にまわすための余剰がない．段ボールも秋には輸出する余剰がなくなることが見込まれた．

▶ 1999年8月23日——**段ボール輸出，台湾向け急増**

段ボール古紙の輸出が続く一方で，段ボール古紙の輸入が，1990年代で最低の水準になった．

▶ 1999年9月13日——**段ボール古紙，7月輸出量は史上2番目の記録／段ボール古紙，輸出価格上昇しても年末には輸出余剰なくなる**

段ボール古紙の輸出は好調を維持するが，そろそろ輸出可能な在庫が不足し始める．

▶ 1999年9月13日——**板紙使用の新聞と残本月2万トンベースで洋紙にシフト／板紙，雑誌の消費増にどう対応するか**

DIP設備の本格稼動による，洋紙の新聞古紙，残本（回収雑誌）の利用が進んだ．そのため板紙原料用の雑誌古紙が不足し，板紙メーカーはオフィス古紙の板紙原料としての使用を模索し始めた．

▶ 1999年9月27日——**4か月連続で国内上回る．関東商組の段ボール輸出価格**

段ボール古紙の輸出が続いた．

3.9 全面的古紙不足

1997年の古紙在庫余剰の危機から約2年経過し，この時点で今度は逆に全種類の古紙が全流通段階で不足する状況を迎えた．

▶ 1999年10月4日——**衛生用紙向け古紙，洋紙利用で不足感強まる**（図3.11）

大手洋紙メーカーがチラシ，残本（返本雑誌）に加えて，これまで衛生紙向け古紙であった上物古紙といわれる糊付き色上（製本用の糊のついた色刷りの

上質紙）やケント紙（製図用などに使われる上質な板紙）の本格的な使用を開始したため，上物古紙の価格が上昇した．そのため，一部の衛生紙メーカーはオフィスミックスなどの低品質または不均質な低グレード古紙に原料を移行することを検討し始めたが，技術的な制約から使用できるメーカーは限られていた．またオフィスミックスはアジアからの引き合いも活発である．つまり，上物古紙では国内洋紙メーカーと，オフィスミックスでは海外メーカーと競争しなければならず，古紙もの衛生紙メーカーの原料購入事情が苦しくなった．板紙メーカーは回収雑誌に原料を移行できるが，衛生紙メーカーには移行する古紙がなく，危機である．

▶ 1999年10月11日——**大手メーカー（大王製紙），回収古紙も利用．静岡，衛生用紙向け古紙2円上げ**

洋紙メーカーの新聞代替古紙利用が回収雑誌にまで及んできたために，衛生紙向け古紙が不足し，静岡県の古紙もの衛生紙メーカー（丸富，東海製紙工業）による古紙買い取り価格が上昇する．

▶ 1999年10月18日——**西日本メーカーも追従へ．衛生紙向け古紙の値上げ**

静岡県に続き，西日本の古紙もの衛生紙メーカーの古紙買い取り価格が上昇した．

▶ 1999年10月25日——**ようやく50銭アップ．中部・近畿の雑誌価格．洋紙向け新聞は不動**

雑誌古紙価格が上昇し始める．

▶ 1999年11月1日——**中部・近畿の雑誌，さらに50銭アップへ．段ボールにも上昇気配**

雑誌古紙価格がさらに上昇する．不況の影響を受けて低迷していた製造がようやく増産される計画がメーカーから出され，また輸出価格の高騰もあり，段ボールの価格にも上昇が予想される．

▶ 1999年11月8日——**段ボール発注増で不足感さらに強まる**

上物古紙，新聞古紙，雑誌古紙（回収，残本）の不足に加えて，段ボール古紙の在庫もなくなり，ここにきて全流通段階での全品目の古紙の不足感が高まった．

▶ 1999年11月22日——**裾物3品の価格体系に異変．雑誌7円で購入．段**

ボールとの価格差はわずか 50 銭／洋紙の DIP 増強の影響，新聞ではなく雑誌に現出

洋紙メーカーは DIP で雑誌古紙（残本）を使用したために，雑誌古紙価格が上昇．逆に段ボール古紙の価格は段ボール消費の低迷で下落．価格の差が縮まる．

▶ 1999 年 11 月 22 日—— **静岡の衛生用紙向け古紙 12 月からさらに 2 円アップ**

衛生紙向け古紙価格がさらに上昇した．

▶ 1999 年 12 月 6 日—— **DIP の新増設，来年の稼動は 4 社 5 台，日産 920 トンに**

DIP の新増設計画が続く．

▶ 2000 年 1 月 3 日—— **昨 10 月から回復基調へ．板紙向け新聞古紙の消費**

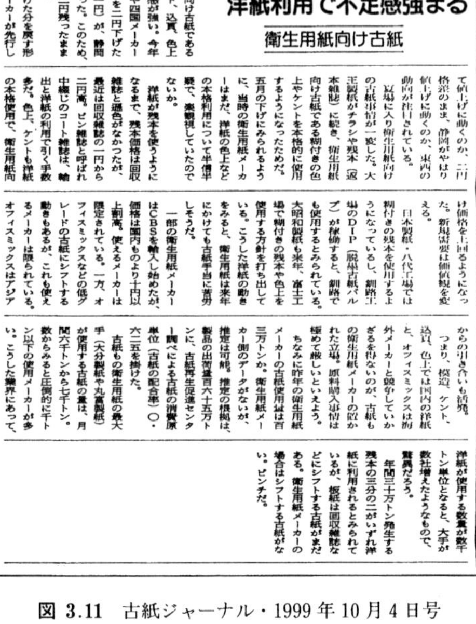

西日本、値戻しに動くか
洋紙利用で不足感強まる
衛生用紙向け古紙

衛生用紙向け古紙である模造、ケント、込頁、色上価格に先高感が強い。今年五月、九州や四国メーカーは模造などを二円下げた（色上のみ一円）が、静岡は動かなかった。このため、東西格差が二円残ったまま現在に至る。

五月に下げた分を戻す形で西日本メーカーが先行して値上げに動くのか、二円格差のまま、静岡がやはり値上げに動くのか、東西の動向が注目されている。

夏場に入り衛生用紙向けの古紙事情が一変した。大王製紙がチラシや残本（返本雑誌）に続き、衛生用紙向け古紙である糊付きの色上やケントを本格的に使用するようになったためだ。

五月の下げにみられるように、当時の衛生用紙メーカーはまだ、洋紙の色上などの本格利用について半信半疑で、楽観視していたのではないか。

洋紙が残本を使うようになるまで、残本価格は回収雑誌と遜色がなかつたが、最近は回収雑誌の一円から二円高。ピン雑誌と呼ばれる中綴じのコート雑誌は、輸出と洋紙の利用で引く手数多だ。色上、ケントも洋紙の本格使用で、衛生用紙向け価格を上回るようになった。新規需要は価値観を変える。

日本製紙・八代工場では糊付きの残本を使用するようになっているし、釧路工場のDIP（脱墨古紙パルプ）が稼働すると、釧路でも使用するとみられている。大昭和製紙も来年、富士工場で糊付きの残本や色上を使用する方針を打ち出している。こうした洋紙の動きをみると、衛生用紙は来年にかけても古紙手当に苦労しそうだ。

一部の衛生用紙メーカーはCBSを輸入し始めたが、価格は国内ものより十円以上割高。使えるメーカーは限定されている。一方、オフィスミックスなどの低グレードの古紙にシフトする動きもあるが、これも使えるメーカーは限られている。オフィスミックスはアジアからの引き合いも活発。

つまり、模造、ケント、込頁、色上では国内の洋紙と、オフィスミックスは海外メーカーと競争していかざるを得ないのが、古紙ものの衛生用紙メーカーの置かれた立場。原料購入事情は極めて厳しいといえよう。

ちなみに昨年の衛生用紙メーカーの古紙使用量は百三万トンか。衛生用紙メーカー側のデータがないが、推定は可能。推定の根拠は、製品の出荷量百六十五万トンに、古紙再生促進センター調べによる古紙の消費原単位（古紙の配合率）〇・六二五を掛けた。

古紙もの衛生用紙の最大手（大分製紙や丸富製紙）が使用する古紙の量は、月間六千トンから七千トン。数からみると圧倒的に千トン以下の使用メーカーが多い。こうした業界にあって、洋紙が使用する数量が数千トン単位となると、大手が数社増えたようなもので、脅威だろう。

年間三十万トン発生する残本の三分の二がいずれ洋紙に利用されるとみられているが、板紙は回収雑誌などにシフトする古紙がまだある。衛生用紙メーカーの場合はシフトする古紙がない。ピンチだ。

図 3.11　古紙ジャーナル・1999 年 10 月 4 日号

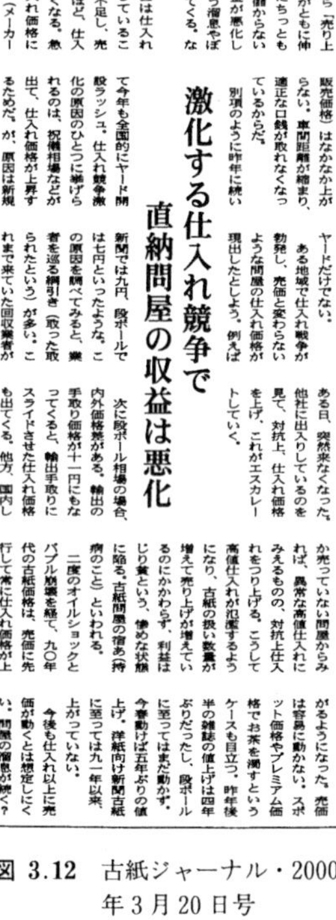

激化する仕入れ競争で
直納問屋の収益は悪化

直納問屋から「売り上げ数量、金額がともに伸びているのにちっとも儲からない。儲からないどころか収益が悪化している」という溜息やぼやきが聞こえてくる。なぜか。

最大の原因は仕入れ競争が激化していることだ。古紙が不足し、売れれば売れるほど、仕入れ競争が激しくなる。急上昇する仕入れ価格に比べて、売価（メーカー販売価格）はなかなか上がらない。車間距離が縮まり、適正な口銭が取れなくなっているからだ。

別項のように昨年に続いて今年も全国的にヤード開設ラッシュ。仕入れ競争激化の原因のひとつに挙げられるのは、祝儀相場などが出て、仕入れ価格が上昇するためだ。が、原因は新規ヤードだけでない。

ある地域で仕入れ戦争が勃発し、売価と変わらないような問屋の仕入れ価格が現出したとしよう。例えば新聞では九円、段ボールでは七円といったような。この原因を調べてみると、業者を巡る綱引き（取った取られたという）が多い。これまで来ていた回収業者がある日、突然来なくなった。他社に出入りしているのを見て、対抗上、仕入れ価格を上げ、これがエスカレートしていく。

次に段ボール相場の場合、内外価格差がある。輸出の手取り価格が十一円にもなってくると、輸出手取りにスライドさせた仕入れ価格も出てくる。他方、国内しか売っていない問屋からみれば、異常な高値仕入れにみえるものの、対抗上仕入れをつり上げる。こうして高値仕入れが氾濫するようになり、古紙の扱い数量が増えて売り上げが増えているのにかかわらず、利益はじり貧という、惨めな状態に陥る。古紙問屋の宿あ（持病のこと）といわれる。

二度のオイルショックとバブル崩壊を経て、九〇年代の古紙価格は、売価に先行して常に仕入れ価格が上がるようになった。売価は容易に動かない。スポット価格やプレミアム価格でお茶を濁すというケースも目立つ。昨年後半の雑誌の値上げは四年ぶりだったし、段ボールに至ってはまだ動かず。今春動けば五年ぶりの値上げ。洋紙向け新聞古紙に至っては九一年以来、上がっていない。

今後も仕入れ以上に売価が動くとは想定しにくい。問屋の溜息が続く？

図 3.12　古紙ジャーナル・2000 年 3 月 20 日号

板紙向けの新聞古紙の消費減少に歯止めがかかった．洋紙向けの新聞紙需要は増加しており，このままだと新聞古紙がさらに不足するという予測がなされた．

▶ 2000年1月10日── **新聞古紙価格，1円アップ**
ほぼ10年ぶりに新聞古紙価格が上昇する．

▶ 2000年3月20日── **激化する仕入れ競争で直納問屋の収益は悪化**（図3.12）

古紙が不足しているために，直納問屋の回収業者からの仕入れ価格の競争が熾烈化した．しかし，製紙会社への売り値は変化しないため，売上げ量，額は増加しているにもかかわらず，利益があがらないという現象が起こった．

3.10　1997年から2000年の変化

研究を始めた1997年から2000年の間に紙リサイクル社会で起こった劇的な変化の中でも一番大きな変化は，古紙過剰から古紙不足への移行である．それではなぜ，古紙過剰は不足へと転じたのだろうか．まず，以下の2つの大きな変化があげられる．

① 古紙問屋による古紙の黒字輸出が可能になった．
② 洋紙メーカーのDIP設備が本格的に稼動を始め，古紙の需要が伸びた．

それでは，なぜこの2つの変化が生じたのか，その背景を考えてみよう．

まず，①の古紙の黒字輸出だが，これは当初は過剰な在庫を処分するための緊急的な手段として，赤字を覚悟した輸出から始まった．しかし，国際価格が上昇し，また海上輸送費が下落したことに加えて，この時期の円安傾向から赤字が減少した．一方，国内の古紙回収問屋は輸出の方法を工夫し，費用を削減することに成功した．その結果，利益をともなう輸出が可能になったものである．

次に②のDIPを用いた洋紙の製造増加は，高品質のDIP処理を可能にする技術の進歩が不可欠であることは間違いない．しかし，それだけではこの時期の急激なDIP設備投資の拡大を説明することはできない．この設備投資を促したものは，1つには円安による輸入木材パルプの高騰がある．洋紙メーカーが高騰した海外の木材パルプの代替原料として，DIPの使用を検討し始めた．もう1つの理由は，産業消費者である印刷会社・出版社が再生紙を積極的に使

用するようになったことである．そして，これは最終的な製品の消費者，つまり，一般の人々が再生紙製品を受け入れるようになったことを意味しているのだろう．そのことを反映するように，同時期に従来古紙を原料に使用していなかった大手衛生用紙メーカーによる，100％古紙（牛乳パック）のトイレットペーパーの製造販売も開始されている．

この2つの大きな変化は，国内の古紙の在庫を過剰から不足に転じさせたばかりではなく，さまざまな形の波及効果をもち，紙リサイクル社会の構造を変化させた．

まず，①の古紙問屋の輸出に関しては，古紙問屋が古紙の輸出という選択肢をもったことで，古紙価格決定の主導権が製紙会社だけのものではなくなり，市場原理が働くようになった．それまでは，古紙問屋は取引先として製紙会社しかもたなかったため，古紙が過剰なときには値下げを受け入れるしかなく，逆に古紙が不足するときには，製紙会社は古紙を輸入することで，国内の古紙価格の上昇を防いできた．しかし，古紙問屋が輸出という選択肢をもつことで，在庫の過剰時には，過剰分を輸出することで国内の古紙価格を維持することができるようになった．逆に，この時期の円安傾向で，製紙会社は古紙の輸入が難しくなった．そのため，国内の古紙が不足する際に古紙の価格が上昇するようになった．これは，明らかに製紙会社と古紙問屋の関係に大きな影響を与えるものである．

それでは，②はどのような波及効果をもったのだろうか．洋紙の原料となるDIPには，従来新聞古紙が主に使用されてきた．しかし，新聞古紙の回収はむしろ減少傾向で，急激なDIP設備の増加にともなう古紙原料需要の増加をみたすことはできなかった．そのため，洋紙メーカーはDIPの新聞古紙代替原料として雑誌古紙，上物古紙の使用を増加させた．このことは，さらに，従来雑誌古紙を原料にしてきた板紙メーカー，上物古紙を材料にしてきた再生衛生紙メーカーに波及した．従来使用してきた原料が不足し，値上げになったために，彼らは代替原料として他の古紙原料を使用し始めた．このようにして，洋紙メーカーのDIP設備の拡大は，古紙全体の需要を喚起し，古紙の価格体系を変化させ，また，製品と材料となる古紙の関係を変えてしまった．

以上のような流れを振り返ると，われわれが研究を行なっていた1997年か

ら2000年までの3年間は,紙リサイクル社会の激動期であった.そして,変化の原動力は技術革新,消費者の意識・行動,そして社会・経済的状況の変化であることが見えてくる.また,1つの出来事が変化を作り出すと,それまでの前提や常識が覆って,多方面に影響を与え,以前とは全く違った状況を作り出してしまうことも見えてきた.

コラム1: 業界紙を追う

　業界紙は情報の宝庫である.ある領域の調査をする際に,もしもその領域に関連する業界紙が存在するならば,それを購読することの有用性は非常に大きなものがある.われわれは,本研究を通じてその有効性を実感し,その実例を本章で示すことができたと期待している.われわれは業界紙から速報としての各種情報を入手し,また折りに触れて掲載された論説や動向の予測は,われわれの研究が現場の関係者にとって的外れなものにならないための,方向性を示す羅針盤でもあった.さらに,実証的な調査結果とつき合わせることで,補完的に研究を深めていくことが可能になった.

　紙リサイクル社会に関連する業界紙としては,本章でその紙面を追った古紙業界の週刊紙「古紙ジャーナル」のほかに,紙業界全体の日刊紙である「日刊紙業通信」が存在し,われわれはこれも購読していた.本書では直接その紙面を引用してはいないが,「日刊紙業通信」から得られた情報や見解も本書の随所に反映されていると思われる.ここに記しておきたい.

4

紙リサイクル関係者の意見
―― インタビュー調査による

　1997年から1999年にかけて，国内外の紙リサイクル社会を構成するさまざまな関係者に対してインタビュー調査を行なった[*1]．表4.1に実施したインタビューの一覧を示す．これらのインタビューを通じて，研究の初期段階では問題意識の設定や明確化がなされた．特にリサイクル社会で実際に活動する人々へのインタビューからは，第1章から第3章で見てきたような抽象化された情報からだけではうかがい知れない現場の実感をともなう情報を入手することができた．また研究の中盤以降では，この後で報告する実際の調査結果を現場の専門家にフィードバックし議論する中で，研究に対する有効な助言を得ることができた．そのすべてを紹介することはできないが，いくつかの代表的なインタビューの内容を抜粋して紹介し，われわれがどのようなインタビューを行なってきたかの一端を知ってもらうことにする．

[*1] インタビュアーは主に本書の2人の著者だが，そのほかに林 知己夫氏（統計数理研究所），吉野諒三氏（統計数理研究所），鄭 躍軍氏（統計数理研究所），丸山康司氏（青森大学），山下英俊氏（東京大学），山下雅子氏（日本大学）が加わって行なっている．

4.1　1997年8月アメリカ：日本紙パルプ商事 ロスアンジェルス支社

　日本における紙とパルプ専門の商社として最大規模である日本紙パルプ商事のロスアンジェルス支社におけるインタビューである．話し手Aは長く現地に駐在してきた支社長であり，話し手Bはアメリカにおいて30年近い古紙取り引きの経験をもち，日本紙パルプのロスアンジェルス支社が古紙部門を強化するにあたって迎え入れた人物で，2人ともアメリカの紙リサイクル事情に関

表 4.1 インタビュー調査訪問先一覧

日時	訪問先	日時	訪問先
1997年		28. 3月	GesPaRec GmbH（紙リサイクル協会）（独）
1. 6月	日本製紙連合会	29. 3月	ドイツ製紙連合会（VDP）（独）
2. 6月	通産省生活産業局紙業印刷業課	30. 3月	Interseroh AG（紙リサイクル保証業者）（独）
3. 6月	日本紙パルプ商事（紙・古紙・パルプ商社）	31. 3月	DSD（ドイツ廃棄物2重回収システム）（独）
4. 6月	古紙再生促進センター	32. 3月	Dr. Göttsching（製紙学の専門家）ダルムシュタット工科大学（独）
5. 7月	王子製紙		
6. 7月	富士ゼロックスオフィスサプライ	33. 8月	ニューハンプシャー大学自然資源学科（米）
7. 7月	大日本印刷		
8. 8月	日本紙パルプ商事アトランタ本社（米）	34. 8月	Dr. Miranda（環境政策の専門家）デューク大学（米）
9. 8月	アトランタ州再生資源収集所（米）	35. 8月	環境保護局（EPA）（米）
10. 8月	オレンジ郡廃棄物処理局（米）	36. 8月	アメリカ林業・製紙連合（AFPA）（米）
11. 8月	Paper Stock Dealer（古紙業者）（米）	37. 8月	Safeshred（再生紙回収業者）（米）
12. 8月	アメリカ林業・製紙連合（AFPA）	38. 8月	Jefferson Smurfit Co.（再生資源問屋）（米）
13. 8月	全国リサイクル連盟（米）（National Recycling Coalition）	39. 9月	ドイツ製紙連合会（VDP）（独）
14. 8月	日本紙パルプ商事ロスアンジェルス支社（米）	40. 9月	SKP（廃棄物処理・リサイクル業者）（独）
15. 8月	HONDA Trading America（古紙輸出入業者）（米）	41. 9月	GETAS（社会調査社）（独）
16. 8月	通産省生活産業局紙業印刷業課	42. 9月	Dr. Göttsching（製紙学の専門家）ダルムシュタット工科大学（独）
17. 9月	高山紙業（古紙卸業者）		
18. 10月	丸富製紙（再生トイレットペーパー製造会社）	43. 9月	Dr. Papastephanou ZUMA（社会調査研究所）（独）
19. 11月	（旧）タナカ（家庭紙問屋）	44. 9月	スウェーデン環境保護局（SEPA）（ス）
1998年			
20. 3月	Hakle（製紙会社）（独）	45. 9月	IL Returpapper AB（紙リサイクル会社）（ス）
21. 3月	Erich Boehm（紙リサイクル業者）（独）	46. 9月	スウェーデン林業連合会（ス）
22. 3月	Dr. Papastephanou ZUMA（社会調査研究所）（独）	47. 9月	TEMO（社会調査社）（ス）
		1999年	
23. 3月	bvse（再生資源回収業者組合）	48. 3月	TEMO（社会調査社）（ス）
24. 3月	Dr. Peter Koll（再生資源専門家）（独）	49. 3月	スウェーデン林業連合会（ス）
25. 3月	FES（フランクフルト市と契約している廃棄物回収・清掃業者）（独）	50. 3月	スウェーデン環境保護局（SEPA）（ス）
		51. 3月	IL Returpapper AB（紙リサイクル会社）（ス）
26. 3月	GETAS（社会調査会社）（独）	52. 3月	高山紙業（古紙卸業者）
27. 3月	SKP（廃棄物処理・リサイクル業者）（独）	53. 5月	東京製紙原料協同組合

（米）：アメリカ，（独）：ドイツ，（ス）：スウェーデン．国名の表示のないものはすべて日本．

する専門家である．前半では，アメリカにおける古紙のリサイクルを含む，廃棄物回収システムと回収業者についての情報を尋ねた部分を抜粋して紹介する．特に，製紙会社が回収部門をもっている話，また製紙会社と廃棄物業者が合弁事業を開始している話などが興味深い．後半では，古紙の輸出入に関する情報を尋ねた部分を紹介する．日米では古紙の品質が異なり，そもそも価格が違うのだという情報はわれわれには新しいものであった．また，アジアにおける古紙の需要急増の予測など，紙リサイクルは世界規模のシステムであることを再認識させられた．

4.1.1 アメリカの古紙回収と廃棄物処理システムについて

実際には複数のインタビュアーがインタビューに参加しているが，ここでは特にそれを区別しない．以下のインタビューについても同様である．

――― 私どもはこの4月から3年計画で紙のリサイクル社会の調査を始めています．日本では今，古紙のだぶつきで回収業者と直納問屋の方々が非常に困っていて，消費者から集めるのをしばらくやめています．

私たちがプロジェクトを立ち上げたのが去年（1996年）の秋だったのですが，その後問題が深刻化して4月，5月ぐらいから新聞をにぎわせています．比較的私たちの目につくのは消費者のリサイクル意識とか，リサイクルの行動とかですが，私たちは研究の一番の主旨として，リサイクルのシステム全体をあつかっていきたいと思っています．特に製紙会社さんから卸問屋さん，新聞社，出版社への流れ，そこのところの需給のギャップがどうなっているのかと，どこが今難しい点になっているのかというのを日本で研究していきたいと思っています．

また，この問題は各国の社会によってずいぶん違います．私どもの同僚が先般ドイツとオランダとフランスとスウェーデンをまわってきているのですが，やはり北欧は森林の国ということもありまして，バージンパルプ優先という考え方があるみたいです．

そのほかに，ヨーロッパではそれぞれの国が閉じているのではなくて，ある国が印刷をになっていて，別の国がまた別のセクションをになっている．全体で1つのユニットというような側面があるようです．そういう印象を私どもはいろいろ受けてきたんです．

図 4.1 アメリカにおけるリサイクルセンター

4.1　1997年8月アメリカ・ロスアンジェルス

　私たちはここ2週間アメリカをまわってきているのですが，紙商社の方，リサイクル協会の方，回収の分野の方とインタビューした結果，日本とリサイクルを取り巻く状況が非常に似ているのではないかなという気が今しています．といいますのは，80年代初めにたいへんリサイクル熱が高まっているのですが，最近下火になりつつあるようです．これを直納問屋の方が非常に問題に思っているようです．ただその，直納問屋と訳していいのかどうかちょっとわからないのですが．製紙工場をもっているんです．

[話し手A]　もっているというか，製紙会社が別部門として古紙を取り扱う会社を別会社として作っている場合が多いです．多いというかそういうケースがあります．

——　そうですね．だから日本とは違いますね．その辺のところを実は私も知りたいんです．日本では昔からぼろぎれとか鉄とかの回収業者が，1960年代ぐらいまではまわっていました．その後，古紙の回収になって，最初はお金で買ってくれた．やがてちり紙交換になり，その後持っていかなくなって，新聞の集配所が特別に自分のところの新聞紙は引き取るという形になって，そしてまた最近少しずつ持っていく．無償で持っていくという形になってきているように思うのです．

　これまでいろいろな方からこちらのシステムはどんな感じになっているのかをうかがってきたのですが，日本と比較する上で一番違うのは回収と分別と在庫のところ，ここのコストがどのように古紙価格に反映されているか，のようなんです．

　このコストが税金で払われていた場合は古紙価格に上乗せされないわけです

図 4.2　アメリカの古紙回収業者

が，商業活動として成立させるためには古紙価格に上乗せされてしまい，国際競争力を低くしてしまいます．輸出はどうしても赤字になってしまうわけです．アメリカの静脈の部分の価格，費用負担などのシステムをお教えいただけると非常にありがたいと思います．

[話し手A] 私の経験を通してのお話をさせていただきたいと思います．ご承知のとおり今お話になった直納問屋，このアメリカには直納問屋という業種はないんです．ウエストペーパーディーラーというのは通常独立したウエストペーパーディーラー，それか製紙会社の部門としての古紙屋系にあたると思います．製紙会社がこの業界に参入したのはだいぶ昔ですが，やはり基本的には個人の古紙業者が大半を占めています．

製紙メーカーでは特にウエアハウザー[*2]，それからスマフィット[*3]．ウエアハウザーは約40支店が全米にあります．スマフィットも40支店強ぐらいです．ただ製紙会社のやる経営というのは，個人経営と比べて相当の経費がかさむというマイナス点があるために，ウエアハウザーの場合は今年になってリストラクチャーの一環として，約10％古紙ヤードを閉めている．これは採算にのらないということです．スマフィットの場合は今のところ閉めるところまではいっていませんが，これ以上伸ばすような状況にはない．

それともう1つ大きな動きとしては，産廃業者ではアメリカで最大のウエストマネージメント[*4]と製紙会社のストンコンティナ[*5]が組んで，PRI[*6]という会社をジョイントベンチャーで始めています．これは主に輸出を行なう会社です．

[*2] Weyerhaeuser. 全米8位（全世界16位）の売上高（1997年度）を誇るアメリカの製紙会社．
[*3] Jefferson Smurfit Group. 全世界で17位の売上高（1997年度）の，アイルランド系の国際製紙企業だった．1998年に＊5のStone Containerと合併して，Smurfit-Stone社となる．
[*4] Waste Management. 全米最大規模のリサイクル向け古紙回収業者の1つ．
[*5] Stone Container. 全米7位（全世界15位）の売上高（1997年度）のアメリカの製紙会社だった．＊3にあるように，現在はSmurfit-Stone社．
[*6] Paper Recycling International. 1990年にStone Container社とWaste Management社が合弁事業として開始した．

[話し手B] 日本とアメリカの回収方法の違いですが，日本の場合は末端回収業者が回収をしている．それから直納問屋経由で製紙会社，または直納問屋か

ら商社経由で製紙会社にというパターンが日本の通常の形です．これは段ボール，新聞紙ともだいたい同じような形態で流れている．

これに対してアメリカの場合は直納問屋がないのですが，末端の回収業者から古紙ディーラーに持ち込まれて，これが製紙工場に届けられる．または坪先といいましょうか，つまり工業団地などの発生元からウエストペーパーディーラーに持ち込まれる．それから坪先から直接製紙工場と，坪先から産廃業者を経由して製紙工場にいく．この，4つのスタイルがアメリカの回収方法だと思います．

段ボールの場合は今の形が主なのですが，新聞紙になりますと，末端の回収業者からウエストペーパーディーラー，そして製紙工場．それから集団回収からウエストペーパーディーラーが主体となって集めて製紙会社に届ける．この集団回収というのは小学校または教会，ボーイスカウト，ライオンズクラブ，ロータリークラブ，ありとあらゆるそういう慈善事業団体で行ないます．

古紙ディーラーが各小学校などに手紙を書いて，都合を聞いてスケジュールを組みまして，前の日に入れ物を提供するわけです．アメリカの場合は皆さんお子さんを自動車で連れて，トランクに新聞紙を入れて学校に持っていきます．古紙を学校に持っていって，古紙屋さんがピックアップして製紙会社に行くんだという教育の一環になるわけです．これがなかなかばかにならない回収方法でしたが，今は非常に残念ながらすたれてきています．

［話し手A］　そうですね．私には子供が8人いますけど，子供が古新聞を学校に持っていったということは一度もないものですから．おそらく日本は相当そういうのは盛んですね．アメリカでもかつてはたぶんそうだったと思うのですが．

［話し手B］　20年前に私がこの業界に入ったとき，その業者が専任の者を雇いまして，ロスアンジェルスの全部の小学校に手紙を送りまして，反応があった学校でスケジュールを組んで始める．どうして小学校かといいますと，中学校になりますと一部上級生は自分で車を運転できるから自分で古紙屋に持ってきて，お小遣い稼ぎにするということなので対象にならないわけです．しかし，今はなくなりました．残念ながら．ただ全米，他の州ではまだある程度行なわれていると思います．古紙屋によってはまだやっているところがあります．今一番大きくやっているのが教会関係です．これがまだまだ盛んです．そ

れからあとはボーイスカウトとかガールスカウトです．これが新聞の回収方法とでもいいましょうか．

それからあとはオフィスから出てくるオフィス古紙ですね．これは日本の場合ですと回収業者から直納問屋，商社経由で，製紙会社にいきます．アメリカの場合にはやはりメインには廃棄物業者です．廃棄物処理業者が集めた古紙が古紙問屋にまわってきて，製紙会社に納品される．当然のことですが，廃棄物処理ですから集められた紙のほとんどは業者が全部裁断して，それを古紙業者に納める，または買っていただく，そんなところが簡単な動き方ではないかと思います．

回収率なのですが，1986年にはアメリカの場合には約28%，1995年には約45%に上がっている．製紙会社の利用率はどのぐらいかと申しますと，86年で約25%，現在約35%ということです[*7]．だから先ほどいったように，この業界にゴミ回収業者が大々的に出てきて，古紙屋の領域を奪い始めた．

このゴミの業者というのはもともとゴミを集めたものをダンプサイト（ゴミ埋立場）に持っていくということだったのですが，アメリカの場合もだんだんリサイクリングということから，ゴミ業者がそのまま持っていったのではどうにもならないということになっています．アメリカのダンプサイトは1978年の統計では1万4000か所．それが1992年には5500か所に減ってきた．これはもう満杯になってだんだんそういう場所がなくなったということです．2000年にはこれが2200か所になるだろうといわれています．

先日のLAタイムズに出ていたのですが，1990年にはゴミからリサイクルにまわったのはたった14%だったそうです．それが1996年には30%です．2000年には50%の廃棄物をリサイクルするようにという大統領令が出ています．

[*7] 1997年の実際の古紙利用率は37.5%

──── これは分母はゴミ全部ですか．

[話し手A] ゴミ全部．

──── 分子はビンとかアルミ缶とか新聞古紙ですね．

[話し手A] その新聞の記事によると，飲み物の容器の約76%，アルミ缶の80%，ガラスビンの69%，プラスチックの59%というような統計がカリフォルニアでは出ているようです．大手廃棄物回収企業が設立した選別施設での選

別費用がどのぐらいかかるかといいますと,ショートトン*8 当たり約 70 ドルです.

*8 ショートトンは 2000 ポンド.約 907 kg.

——— 回収の費用はどうなっていますか.

[話し手 A] 回収の費用はこの中に含まれています.回収の費用は市によって違うのですが,ロスアンジェルス市の例をとって申しますと,いわゆるカーブサイドコレクション（路肩回収）です.このカーブサイドコレクションでは通常独立系の産廃業者が行なうか,またはロスアンジェルス市ですと市の衛生局がトラックまで全部をまかなって自分でやっている.ではそういう回収の費用はどこから出るかと申しますと,これは通常個人の自宅に請求書を送っても残念ながら誰も払ってくれません.

アメリカでは不動産税が 6 か月ごとに払わされているわけです.この不動産税の中に回収費用が上乗せされて,各家庭から徴収する.これは郡が回収するわけです.以上は普通の独立家屋からの回収ですが,ではアパートはどうかといいますと,アパートのオーナーに当然その費用請求がくるわけです.アパートのオーナーはそれをアパートの家賃の一部として回収していく.

——— 独立系の回収業者の場合は,市を通じてその税金が入ってくるということですね.

[話し手 A] そういうことです.独立系の場合は市と契約をします.ではロスアンジェルスの場合,ゴミの回収をどういうふうにやっているかと申しますと,通常,台所から出てくる生ゴミを取りにくるトラック,それから庭から出てくる木の枝とか芝など,通常グリーントラッシュといわれるものを取りにくるトラック,それから最後にアルミ缶,ビールビン,新聞,その他段ボールなど資源ゴミを取りにくるトラックの,大きく分けて 3 つのトラックがくるわけです.

実際には生ゴミとグリーントラッシュは同じトラックで持っていきます.あと資源ゴミは別のトラックがきてそれをピックアップする.

今までこういうことをしなかったときに比べたら,市にとっては非常な費用の負担になっているということがいえる.今までは 1 台のトラックが全部やっていたんです.それを分けたため,資源回収は市にとってメリットかというとそうではない.

―― したとしてもその分は今後負担できないということですね．

[話し手A] できません．

4.1.2 古紙の輸出入

回収システムに関する話を終わり，ここからは古紙の輸出入に関するインタビューである．

―― 古紙の輸出部門を強化したとのお話ですが，これまでは輸出はどうだったのですか．

[話し手A] 私どもも，1970年代ですか，アメリカの古紙輸出が始まった頃は相当やったんです．ところがいろいろクレームがついたり，相手が悪かったのか，あまり儲からない仕事で，特に韓国向けで問題がありまして，ちょっと古紙のほうから手を引いたんです．縮小したという感じです．もう日本向けだけ，なんてやっていたわけです．それではちょっとまずいということで，最近もうちょっと古紙に本腰を入れてやってみようということです．

―― そうしますと，相手は日本ですか．

[話し手A] 日本も当然のことながら，あと韓国，台湾，東南アジア．それから中国も話があればすぐ．

[話し手B] アジアは，ご存じだと思うのですが，相当に成長度が激しくて，すごい勢いで製紙会社の増設計画が実際に動き始めています．北米で2000年までにたとえば100万トンの増産とすれば，アジアでの増産は700～800万トンと圧倒的にアジアでの増産が多いです．特に韓国，中国，インドネシアですね．

―― 2000年までにですか．

[話し手B] そんな数字を私は覚えていますが，当然そうすると原料源も問題が出てきます．韓国も木があるわけではないし，中国もそうですし，インドネシアはありますが，それで充分ではないので，パルプなりチップなりあるいは古紙なりをどこかから輸入せざるをえないという事情があるんです．チップはわれわれの手に負えませんので，古紙でアジアをにらんだ新しい展開をしようと長期的に考えています．

―― 日本では関東の直納問屋さんの組合に昨年うかがったのですが，輸出というのは求められているのですが，採算が合わないためにごく少量を問屋さんが行なっている．今は過剰な在庫を抱えているので，赤字覚悟でしていると

いうことなのです．コストが違うのだと思うのですが，最も大きな違いはどこにあるのでしょうか．

[話し手B] アメリカの古紙というのはファイバー[*9]という点で強いのです．バージンパルプ原料をそのまま使っていますので．アジアの古紙というのは何回もリサイクルしますから，いろいろな薬品でごまかしていますけど非常に弱い．

アメリカのほうは，段ボールなんかは今は原料に20％程度古紙を使っているところが多いですけど，もともと100％バージンの原料だった．だから今20％入れていますが，それでもアジアの製品と比べるとファイバーが強いです．その分値段が高くなります．

[*9] 紙に含まれる植物繊維のこと．この長さが長いほど，紙に強度が出る．何度ものリサイクルを繰り返すうちに，繊維はだんだんと擦り切れ，短くなってしまう．

——— 私たちは，これまで，日本では静脈の部分でコスト高になっているので，税金で回収した古紙との輸出競争力がないと認識していたのですが，品質そのものが違うのですか．

[話し手B] そうです．品質が違います．今たとえばアジア，台湾向けで日本の段ボール古紙というのは100ドル近辺です．ところがアメリカから持ってきた場合，170～180ドル．倍近いです．新聞古紙も似たりよったりの状況です[*10]．

しかし日本の古紙の輸出というのは増えています．おっしゃったように赤字でしていたのですが，アメリカの古紙がここまで上がってくると，当然日本の価格も上がって，赤字でなくなることも考えられます．今これだけ量が出るということは，たぶん業者さんが赤字ではなく，ある程度メリットがあって，出しているということも考えられます．

[*10] 1997年秋のアジア通貨危機で，韓国ウォンの急落と外貨不足から韓国向けの古紙輸出が停止された．また，韓国の製紙会社の倒産もあり不良債権がアメリカの古紙輸出業者に発生したと報道された．われわれはこの問題のA，B両氏への悪影響を心配していた．しかし，1年後の1998年の8月に再渡米しA氏，B氏に再インタビューを行なったが，その際両氏はすでに，日本紙パルプ商事ロスアンジェルス支社が買収した古紙回収処理会社，Safeshred社の役員に出向するという形でビジネスの方向性を転進していた．このことからも，われわれは，紙・古紙ビジネスの変化への対応の速さとビジネスチャンスを捉える厳しさを実感させられた．Safeshred社は古紙の回収から分別，販売までを行なう古紙ディーラーである．段ボールやオフィス古紙も扱っているが，特に機

密処理が必要な書類を，銀行や企業から施錠された特別の金属容器で回収し，シュレッド（細かく断裁すること）した上で，再生原料とすることを主力業務の1つとしている．

——— そうですか．今年のことですよね．

[話し手A] 5月からどれだけ古紙の輸出が多くなったか．日本で余ったものを出すということが主でしたが，今後は採算ベースに乗る可能性もあります．だから今後は古紙の世界的な動きというものに構造的な変化が起こるかもしれません．アメリカの古紙というのはなくなりませんが，地理的な観点からも日本がアジアの古紙の供給基地となりえます．また日本での回収がさらに進み，アジアでの増産があり，また化学的な方法で日本の古紙を使うようになって日本の古紙の評価と理解が得られれば，日本の古紙は認知され，実際使用量も増えると思います．もちろん今いったように日本の場合はリサイクル，リサイクルということでファイバーが短くなってきて強度がないということで，台湾も韓国も並行してアメリカからの古紙は輸入せざるをえないわけですが．

4.2 1998年3月ドイツ：ハクレ

ハクレ（Hakle GmbH & Co.）はトイレットペーパーのみを生産しているドイツの製紙会社で，本社はフランクフルトに置かれている．ハクレは原料に古紙を使用しているが，製品は高品質・高級志向であり，そのための技術開発に力を入れている．ブランドとしては非常に高級品として有名であり，5重の紙のトイレットペーパーやアレルギー検査を行なった製品などを市場に出している．話し手は，社の広報を担当している方で，ドイツにおける紙リサイクル事情に精通している人物である．前半では，ドイツにおけるトイレットペーパー製造業の構造と現状についてのインタビューを抜粋して紹介する．ドイツの産業構造はある部分日本と類似していて，大企業と小企業しか存在しないが，制度の異なる他国の企業と競争しなければいけないという点では日本と違うという点が重要である．後半はドイツ人の古紙回収行動とトイレットペーパーの選択基準について語ってもらった部分を紹介する．ドイツにおいても回収行動と再生製品の購入に差があること，しかし，中・高額所得者の半数は環境に配慮した製品選択を行なっているという情報が興味深い．なお，元の会話は英語だが，日本語に翻訳して収録した．

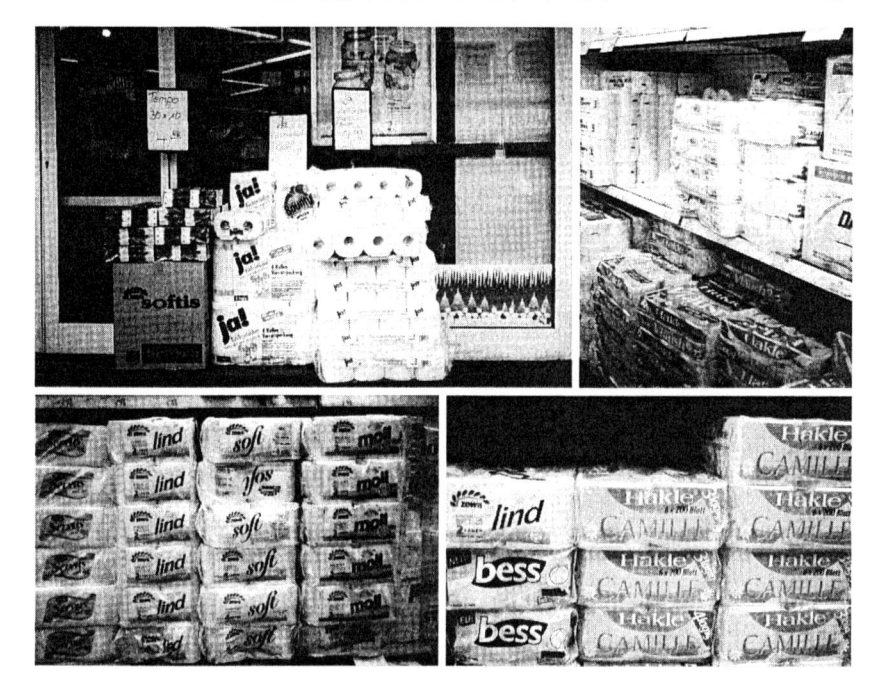

図 4.3 ドイツにおけるトイレットペーパーの販売

―――― ハクレについて説明してくださいませんか．

[話し手] 我が社は 1928 年以前においては，古新聞を裁断してちり紙として販売していたのです．しかし，創業者はその製品に不満をもち，それ以来現在のトイレットペーパーにつながる技術開発をしてきたのです．2 重，3 重の製品，そしてエンボス加工，香りづけなど常に高級な製品の開発を心がけてきました．もっとも創業者の家族はすでに当社にはおりませんが．

―――― どのような古紙を原料にしているのですか．

[話し手] 中くらいの品質です，主に銀行からの古紙です．新聞紙は用いておりません．

―――― 事業所からの古紙が主ですか．

[話し手] 銀行です．

―――― 直接回収しているのですか．

[話し手] そうです．銀行からの秘密厳守の書類を直接です．

―――― ドイツには民間の回収業者というものが存在しているのでしょうか．

つまり，商売として工場や企業から古紙を回収している者はいますか．

［話し手］　はい．

―――― その規模はどのくらいでしょうか．印象で結構ですが．

［話し手］　中規模です．具体的な数字はわかりませんが．

［話し手］　われわれの品質管理についてお話しさせてください．われわれの製品の包装には多くのマークが印刷されています．その中には品質保証のマークもあります．著名な研究所が3か月おきに製造過程で使用される水，古紙原料やその他の原料，また製品に関して，重金属やその他の有害物質が含まれていないことを検査しています．また，アレルギー反応検査も行なっており，われわれの古紙製トイレットペーパーには使用上の問題点は全くないといえます．

―――― 市場戦略についてお話しいただけないでしょうか．ドイツの消費者というのは再生紙に対してどのような意見や態度をもっているとお考えですか．

［話し手］　われわれの製品は安価ではありません．しかし，一番売れていますし，非常に有名です．それは品質がよいからだといえます．われわれは有名なブランドですし，安価ではなく，低所得者向けではありません．われわれは平均的な人々，平均的な所得をもつ層を対象にしています．彼らは環境に対しても関心が高い．彼らは，よりよいトイレットペーパーを選んだといってくれます．しかし，トイレットペーパーにあまりお金をかけたくない者もいます．

―――― 輸入製品は安いのですか．国産品と比べてどうでしょうか．

［話し手］　ほぼ輸入製品のほうが安いです．イタリアには多くの製紙会社がありますが，彼らの多くはバージンパルプを原料にしていますし，環境に対する配慮が薄く，条例による制約も少ないのです．そして，彼らの製品はとても安価なのです．これは問題です．スロベニアも同様です．

―――― 今，日本では，リサイクルシステムに大きな問題が起こっています．多くの住民は古紙をリサイクルしたいと考えて，熱心に回収に参加しています．しかしその結果，多すぎる回収が，古紙の価格を下落させてしまいました．もう1つの問題は，スーパーの安売りの影響でトイレットペーパーの値崩れが起こっていることです．この2点，ドイツではどうなっていますか．

［話し手］　価格は非常に低くなっています．これ以上の下げということは想像できません．これ以上値下がりがあるとすると，大手数社以外はやっていけなくなるでしょう．

——— 同じことが日本でも起こっています．日本には大手と，非常に小さい製紙会社しかないのです．中規模な製紙会社というものはありません．そして多くの小さい会社は大会社に吸収されたり，倒産したりしています．

[話し手] ここでもその傾向はあります．ここでも非常な大会社か，小規模な会社しかありません．さらに，ここでは外国の多くの製紙会社が販売を行なっています．アメリカ，スウェーデン，フィンランド，スイス，そしてドイツの各国には大会社は1つか2つしかないのです．

——— 回収量が増加するのは，古紙を回収にまわせば，人々は環境のために何かをしたのだとよい気分になれるからですよね．

[話し手] そこが重要なのです．再生紙を消費することを配慮していない．人々は環境によいことをしたいのですが，具体的に何をしていいかがわかっていないのです．

——— われわれは昨年アメリカを訪問した際にこんなスローガンを聞いてきました．「もしも再生製品を購入しないならば，リサイクルは完結しない！」[11]

[11] 1997年8月に訪問した全米リサイクル連合（NRC）の展開していた再生製品購買促進キャンペーンのスローガン．

[話し手] そのとおりです．ドイツの状況をいいますと，中・高額所得者の半分はよい，高品質の製品を好みます．しかし，残り半分は高い環境意識をもっており，リサイクル製品の使用を好むのです．低所得層には選択の余地はありませんね．価格しか考慮しないでしょう．

4.3 1998年3月ドイツ：インターゼロー

インターゼロー（Interseroh AG）とはドイツの廃棄物処理の大手保証人業者のひとつ．保証人業者とは第2章（2.2節）で述べたように，DSD社（ドイツ2重回収システム）が責任をもって回収を行なった再生資源を，再生原料として利用することを保証して，有償もしくは無償で引き取る業者である．この業者の存在が揃って，はじめてドイツの「包装廃棄物規制令」によるリサイクルシステムが完結することがうかがえる部分を紹介する．話し手はインターゼローの広報部の責任者である．なお，元の会話は英語だが，日本語に翻訳して収録した．

図 4.4 ドイツにおける古紙回収容器

―― インターゼローとはどんな会社なのですか．

[話し手] 1991年に「包装廃棄物規制令」が施行されました．この制令は工業包装と消費者包装を分類し，消費者包装は製造販売者が回収するか，回収システムを作り上げることを要求しています．もちろんドイツの製造販売者は，空の容器を回収することを望みませんので，デュアルシステム（2.2節を参照）が設立されました．しかし，回収された資源が本当に再利用される保証がなければ，意味がありません．つまりこの時点ではデュアルシステムは本当に存在しているとはいえなかったのです．インターゼローはその保証を引き受けるために，ドイツ中にある 200 の廃棄物業者の出資で創設されました．廃棄物回収業者は DSD 社からの契約金と，回収した古紙を売却した代金の 2 つの収入があります．それで回収業務を請け負うのです．

―― ドイツにはどのくらいの廃棄物処理業者があるのですか．

[話し手] 一定の業務をこなしている会社が約 800 です．

―― その中で古紙を専門にしている業者はどのくらいありますか．

図 4.5 ドイツの街中における分別回収

図 4.6 ドイツにおける古紙の路肩回収と分別作業

［話し手］ありません．多くの市民が今やボランティアで古紙回収に参加して，古紙の価格を下げています．もしも古紙のみを扱っていて，古紙の市況が非常に悪くなった場合にはどうするのですか．

―――― 日本では古紙の専門の業者が多いのですが，現在ではひどいことになっています．

［話し手］1991年以前においては，もしも古紙価格が下落した場合には，回収した古紙を焼却して埋めてしまうことができました．しかし，今は焼却処分は法律で厳格に禁止されています．

これはビジネスなのです．もしも，回収費用として受け取るDSD社からの収入と古紙の売却価格の合計が，回収費用を下回る場合でも，契約ですから回収はしなければいけないのです．実際，長期の不利な契約を結んでしまい，ひどい損失を出しながら回収を続けている業者もいます．

―――― ドイツにおける古紙回収のシステムはどうなっていますか．

［話し手］主に2つあります．1つはわれわれのシステムで，家庭から古紙を回収しています．もう1つは，工場，小売店などの産業系の古紙の回収です．家庭からの古紙回収システムは「Blue System（ブルーシステム）」といわれています．各家庭に古紙回収用の青いコンテナを配布して，それを1週，もしくは2週ごとに回収します．これに古紙のみを分別していれてもらうために，住民への啓蒙と，教育に非常な努力が払われています．

4.4 1999年3月スウェーデン：スウェーデン環境保護局

ストックホルムにあるスウェーデン環境保護局（SEPA；Swedish Environmental Protection Agency）におけるインタビューである．話し手は同局の職員である．スウェーデン人の森林に対する意識，環境保護意識の高さ，また，この意識に支えられてリサイクルシステムが機能している実体がうかがえる部分を抜粋して紹介する．なお，元の会話は英語だが，日本語に翻訳して収録した．

―――― スウェーデン人は森林に対して特別な感情をお持ちだとか．

［話し手］そうです．森林を散策することなどを楽しみますね．多くの人が森林資源を産業のために用いることに反対しています．森林産業は重要な産業で

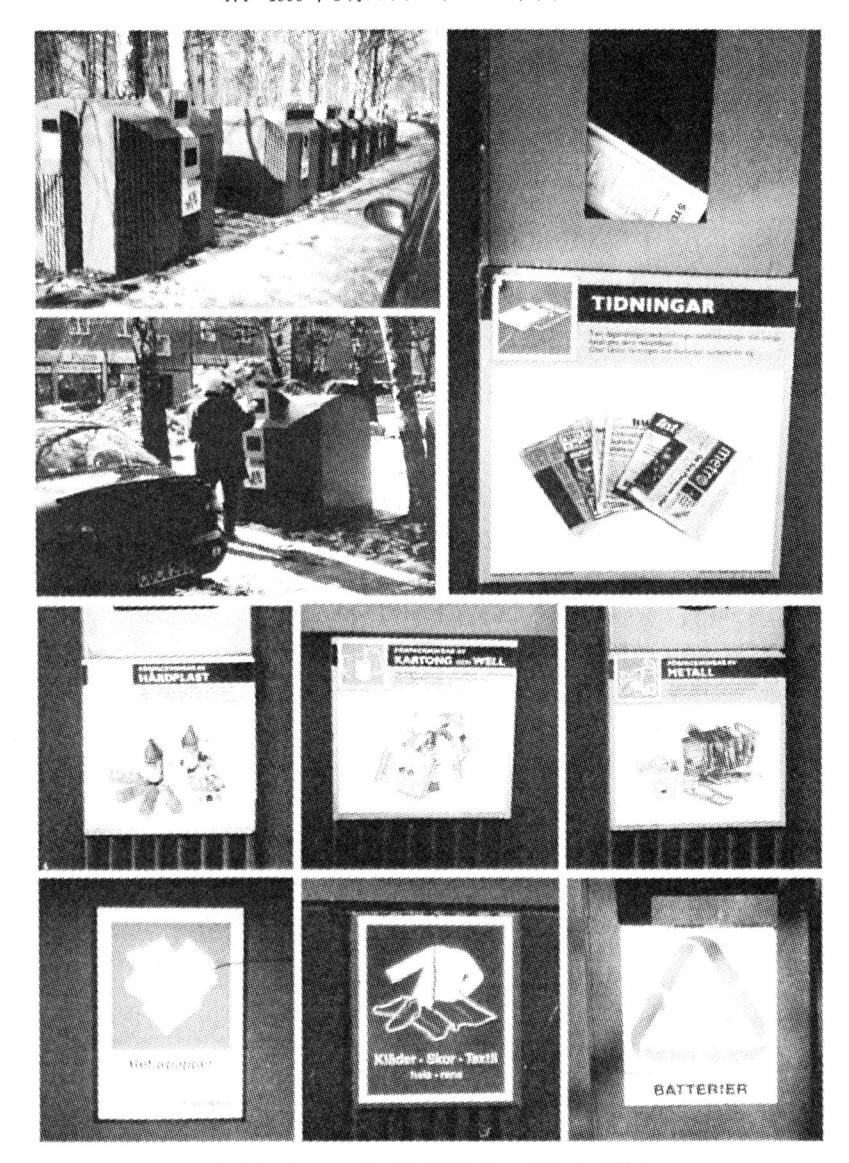

図 4.7 スウェーデンの路肩における分別回収の様子

す．しかし，森林産業が自然環境に対して非常に大きな影響をもっていることを多くの人が意識しています．ですから，過去20年間森林産業の環境に与える影響に注目が当てられてきましたし，私たちも森林産業に対して強い規制をしています．つまり森林産業にもっと自然にやさしくあってほしいのです．

――― スウェーデンの森林のどのくらいの比率が原生林なのですか．

[話し手] 5%です．

――― ほとんどが人工林で植林されているということですよね．

[話し手] その95%に関しましては，環境保護の観点で何をしていいか，何が禁止されているかが決められています．しかし，原生林の5%は完全に保護されており，何をすることもできません．

――― 原生林は北のほうにあるのですか．

[話し手] いいえ，全国土に散らばっています．

――― 森林は増加していると聞いていますが．

[話し手] 木材の消費量よりも樹木の増加量が上回っています．

――― それは，植林の量が増えているということですか，それとも需要が減少しているのでしょうか．

[話し手] 両方ですね．植林も増えていますし，伐採できる量も制限されています．あとは経済的要因です．地域によっては，伐採した木材を搬出するのに経費がかかりすぎる場合があります．ですから，それがスウェーデンには豊富な森林資源があるにもかかわらず古紙を使用する1つの理由なのです．経済的な理由です．

――― スウェーデンのリサイクル制度はどうなっていますか．

[話し手] スウェーデンのリサイクル制度は決して便利とはいえません．

――― もっと便利で，簡単にすべきだと考えますか．

[話し手] もちろんです．日本ではどのような制度なのですか．

――― 路肩回収が主ですね．

[話し手] 路肩回収はここでも行なわれています．生産者責任制度が導入されるまでは，ここでも一般的な制度でした．現在は2つの方法があります．もう1つの方法は，自分自身で運んでいくことです．これは少々負担ではあるのですが．

私が住んでいるところでは，新聞紙，包装紙，その他すべてのゴミを車で販

売店まで運んでいます．車でショッピングセンターまで持っていって，そこでおろしてくるのです．路肩回収のほうがより普通ですけど．路肩回収の問題点について考えなければいけません．主に経済的な理由ですね．ですからスウェーデンのシステムは消費者まかせなのです．生産者責任とはいってますけど，責任をとってはいません．すべての消費者ができるだけのことをリサイクルシステムのために行なわなければならないのです．

――― 回収センターはたいていショッピングセンターにあるのですか．

［話し手］ たいていショッピングセンターにあります．ショッピングセンターにあれば，買物のついでにいけるので，余計な労力が少なくてすみます．

　研究を実施していた期間においてわれわれは常に本章で見たような国内外の関係者とのインタビューを継続し，また第3章で紹介したように業界紙を追っていくことで，われわれの研究が現実の問題を反映し，焦点が問題の本質に向かったものであるように心がけてきた．第5章からはこのような過程を通じて形成された問題意識を背景に行なった調査を紹介していくことにしよう．

コラム 2： インタビューの連鎖

　研究開始当初，適切なインタビュー対象者を試行錯誤的に探し出し，また面接に応じていただくことは，非常な労力と困難のともなう作業であった．しかし，途中からはある方法でその労力を多大に減らすことができることがわかってきた．その方法とは，ある職種や領域のカギとなる重要な人物にインタビューができた場合に，その方に近接の領域や異業種における重要人物を紹介していただくという方法である．この方法により，確実に重要な人物へのインタビューが少ない労力で可能になった．これは，日本国内のみならず，海外においても同様の方法が有効であった．そのようにして関係者のインタビューから次の関係者へのインタビューへと続けていった結果，表4.1のインタビュー調査の訪問先のリストに示すように，合計で50回を越えるインタビューを行なうことができた．

5

消費と資源回収の関連
―― 日本の消費者調査

5.1 住民の古紙回収行動と古紙消費行動

　ここまでの章で示してきたように，紙リサイクルには多くの主体が，さまざまな立場で関わっている．たとえば，製紙会社・回収業者・古紙問屋などは経済活動という立場から紙リサイクル社会の一部をにない，行政は政策を通じて社会制度を準備し，実施することで紙リサイクルに関わっている．

　この紙リサイクルのシステムの中で，住民は紙を消費するという経済活動を行ない，また使用済みの古紙を回収システムに戻すという社会制度に参加している．このように，紙リサイクルシステムに関わる住民の活動は経済活動と社会的活動という二面性をもっている．そして，この住民の行動がリサイクルシステムの動脈と静脈を結ぶ点であり，消費と回収という2つの行動がうまく結びつくことで，はじめて動脈から静脈への適切な流れが生まれる．

　第3章（業界紙），第4章（インタビュー）で示したように，紙リサイクル社会における問題は，景気などの国内経済，為替レートや外国の需要などの国際経済，そして技術や社会制度を反映してさまざまな形で現われる．しかし，さまざまな形で現われる問題の多くにおいて，住民の消費と回収活動の結びつきの悪さが，循環全体の流れを詰まらせる主たるボトルネックになっていることがわかってきた．たとえば，1997年における古紙の過剰在庫は，環境に対する意識の高まりと制度の整備・促進によって古紙の回収行動が確実に増加しているのに対して，古紙製品の消費がそれにともなって伸びていないということに起因していたと考えられる．また，集団回収の増加が，従来の回収業者の業務を妨害してしまう問題も，動脈と静脈の結びつきの悪さを示す問題として

捉えることが可能であろう．

　この，回収行動と消費行動が結びついていないのではないかという問題は，アメリカリサイクル連合（第2章2.4節参照）による「もしも再生製品を購入しないならば，リサイクルは完結しない！」というスローガンの消費者向け古紙消費拡大キャンペーンに反映されているように，アメリカ社会でも問題化している．また，第4章のドイツにおけるインタビュー（4.2節ハクレ・インタビュー）でも同じことが言及されている．このように古紙回収と古紙消費行動のギャップは日本に固有の問題ではなく，紙リサイクル社会の1つの普遍的な問題となっている．

　古紙の回収と古紙製品の消費行動の間にはどのような関係があるのだろうか．また，もしも回収と消費行動の間に強い結びつきがないとすれば，その原因は何であろうか．本章では，このような問題の検討を主な目的とした，われわれ日本の住民の古紙の消費と回収行動に関する研究を紹介する．

5.2　研究対象としてのトイレットペーパー

　多くの再生紙製品が存在するが，3つの理由からわれわれはトイレットペーパーを研究の対象として選択した．その理由は，①ほとんどすべての住民が毎日トイレットペーパーを消費する，②パルプ製品と再生製品の両方が市場に存在する，③商品の選択が消費者にまかされている，からである．

　①の理由は，研究結果がなるべく住民全体を反映するために必要であると考えられる．もしも主な使用者が限定されてしまう紙を選択してしまった場合には，研究対象者が限られた属性の人々になってしまい，結果も限定された，偏りのあるものになってしまう．たとえば，印刷用紙のように特定の職業の者しか使わない紙や，学習ノートのように主たる使用者の年齢層が限られている紙製品を対象にした場合には，結果は偏りのあるものになってしまうだろう．また，日常的に使用している製品を対象とすることで，判断の機会も多く，想像ではなく実体験を反映した判断が示されると期待される．

　②の理由は，もしもパルプ製と再生紙製の製品の一方しか市場で選択できない場合には，原材料の選択の余地が存在しないために，選択基準の比較ができないからである．たとえば，書籍や雑誌はパルプ製の用紙を用いているものも再生紙製の用紙を用いているものもあるが，同一の内容の書籍や雑誌がパル

プ紙と再生紙の両方に印刷されていることはまずないために，消費者に材料の選択の余地はない．

最後に，③の理由も②に近いが，製品が存在したとしても，選択実行の可能性がなければ，選択基準の研究は現実的で妥当なものではなくなってしまうためである．たとえばコピー用紙には再生紙製とパルプ製が存在するが，多くの利用者はコピー機にあらかじめ準備されている用紙を使用するだけで，用紙の選択の機会をもたない．そのため，用紙の選択の基準は実際の行動に基づくものとは言いがたいだろう．

さらに，1998年の日本におけるトイレットペーパーの生産量は，紙の総生産量である3000万トンのうち166万トンにすぎないが，著者らが行なった感度分析は，古紙によるトイレットペーパーの製造は古紙を埋立処理から回避させるために有効な手段であることを明らかにしている（Yamashita *et al.*, 2000を参照）．以上のような理由から，トイレットペーパーは，パルプ製品との比較の中で，再生紙に対する態度と使用を検討するのに適切な対象であると判断した．

本章で紹介する住民調査の具体的な目的は，①どのような基準で個人が再生紙製トイレットペーパーを評価し，その評価がトイレットペーパーの消費にどのように関連しているか，②なぜ人々は再生紙製トイレットペーパーを使用するのか，しないのか，③どのような要素が回収行動に影響を及ぼすのか，④よりよいリサイクル社会を実現するために人々は何が必要だと信じているのか，を明らかすることである．

5.3 調査の方法

5.3.1 調査の構成

調査は大きく分けて，①ブラインドテスト，②消費と購入基準，③リサイクルと廃棄，④望ましいリサイクル，の4章から構成されている．使用した質問項目と回答項目を巻末に示す（付録1）．

①のトイレットペーパーのブラインドテストでは，回答者に実際にトイレットペーパーを1つ，製品名や原料，その他の情報を与えずに手渡して，そのトイレットペーパーについていくつかの側面で評価をしてもらった．これは市場調査として広く行なわれている一般的な手法である．②から④は回答者

に，彼らの行動，意見，態度，知識を問う質問に回答項目である選択肢からあてはまるものを選択してもらう形式である．

5.3.2 標本抽出手続きと対象者

日本における18歳以上の者を調査対象とした．標本抽出法には層化2段階比例無作為抽出法を用いた（コラム3参照）．1990年の国勢調査結果に基づき，全国を5つの地理的地区と5つの行政的地域で25地点に区分した．まず，行政地区が無作為抽出され，次に抽出されたそれぞれの行政地区から国勢調査区が確率比例無作為抽出された．調査すべき調査区（総数200か所）は地理的地区と行政地域の人口に比例して各層に振り分けられた．次に，抽出された国勢調査区それぞれに対して，10人の個人が住民票から等間隔無作為抽出法によって抽出された（総数2000人）．200人の専門の調査員が，抽出された回答者の自宅を個別に訪問し，この調査のために特に作成した質問紙への回答を求めた．質問はトイレットペーパー購入の基準，パルプ製（バージンパルプ製）トイレットペーパーと比較した再生紙製トイレットペーパーの評価，リサイク

コラム 3： 無作為抽出法と層化無作為抽出法

調査対象全体は母集団と呼ばれる．母集団全体を調査するのが不可能な場合に，母集団の一部を抜き取って調べる方法は標本調査と呼ばれ，抜き取る手続きは標本抽出（またはサンプリング），抜き取ったデータは標本と呼ばれる．

標本抽出の際に必要なのは，母集団全体の代表となるような標本を抜き取ることである．過去の経験などを生かして，全体を代表すると思われる標本を意図的に抽出する方法は有意選出法と呼ばれるが，この方法は時として考慮に入れていない変数の影響を受け，意図せぬ偏りを生み出してしまうことがある．それに対して，偏りを最小にするために，主観性を全く排除し，乱数などを使って抽出する標本を選択する方法を無作為抽出法と呼ぶ．無作為抽出法においては，母集団のすべての要素は等確率で選択されることになる．

しかし，全国調査のような大きな調査で完全な無作為抽出を行なうには，大変な労力と時間がかかり，現実的ではない場合が多い．このような場合，まず全国から市区町村を抽出し，抽出された市区町村から無作為抽出をするといった方法が用いられる．このような方法は層化無作為抽出法と呼ばれ，1段階目の抽出単位を1次抽出単位（この例では市区町村），2段階目の抽出単位を2次抽出単位（この例では個人）という．

ル行動全般への態度,回収への費用負担方法,リサイクルを完全にするために重要なことなどを調査する項目を含んでいた.回答は1242人(全標本の62.1%)から得られた.表5.1は標本の特性についての説明である.調査は1997

表 5.1 標本の説明

地域	(%)	性別	(%)
北海道と東北	12.6	男性	50.2
関東	32.9	女性	49.8
中部と北陸	17.3	年齢	(%)
近畿	18.1		
中国,四国,九州	19.1	18~19	2.6
人口による都市の規模	(%)	20~29	14.5
		30~39	17.6
100万人~	20.0	40~49	22.6
15万~100万人	30.6	50~59	21.3
5万~15万人	19.8	60~69	14.0
~5万人	6.1	70~	7.4
郡部	23.4		

表 5.2 ブラインドテスト用のトイレットペーパーの特性

製　品	German P	German R	Japanese P	Japanese R
原　料	バージンパルプ	雑紙古紙	バージンパルプ	古雑誌
全　長 (m)	60	60	60	60
多重性	2	3	1	1
エンボス加工	yes	yes	yes	yes
厚さ (μm)	61.9	52.2	70.7	74.5
含水率 (%)[*1]	6.18	6.24	6.14	6.19
絶対乾坪量 (g)[*2]	17.03	17.24	19.94	18.27
ISO白色度 (%)[*3]	72.31	52.99	80.96	58.51
比引張り強さ (Nm/g)[*4]	6.65	8.08	4.91	13.35
比引張りこわさ (MNm/kg)[*4]	5.30	1.64	3.18	1.83

[*1]: TAPPI (Technical Association of the Pulp and Paper Industry) test methods T 550 om-93 "Determination of equilibrium moisture in pulp, paper and paper board for chemical analysis." に基づき測定.

[*2]: TAPPI test methods T410 om-93 "Grammarge of paper and paper board." に基づき測定.

[*3]: ISO 1924-3 "Papers and boards – Tensile strength, strain at break, tensile energy adsorption and tensile stiffness." に基づき測定.

[*4]: ISO 2470 "Paper and boards – Measurement of diffuse blue reflection factors." に基づき測定.

年の10月9日から15日に実施された．

5.3.3 ブラインドテスト用のトイレットペーパー

ブラインドテストのために4種類のトイレットペーパーを準備した．それらはパルプ原料のドイツ製（以下 German P），再生紙原料のドイツ製（以下 German R），パルプ原料の日本製（以下 Japanese P），再生紙原料の日本製（以下 Japanese R）である．この4つはすべてドイツまたは日本で実際に販売，消費されている製品である．

すべて着色が施されていない白い製品で，2つのパルプ製品は100%バージンパルプを原料にしている．一方，2つの再生紙製品は100%古紙を原料にしており，着色されていないといってもいくぶん灰色がかっている．その他の点では，4種類のトイレットペーパーの外見は類似している．物理的特性を含む4つのトイレットペーパーの詳しい特徴を表5.2に示しておく．またこれらの製品を他の製品と比較した場合の相対的特徴については，本章の終わりにあるコラム6で示している．

5.4 調査の結果と考察

5.4.1 再生紙とパルプのトイレットペーパーのブラインドテスト

ブラインドテストにおいて回答者は何の表示もないトイレットペーパーを評価した．それぞれの回答者は4種類のトイレットペーパーの1つをランダムに手渡され，そのトイレットペーパーのみを評価した．つまり，回答者は4種類のトイレットペーパーを相対評価したのではなく，その中の1つだけを絶対評価したことになる．

▶品質評価

最初のブラインドテストの項目は品質の評価である．結果は，Japanese Pが最も高く評価されており，85.5%の回答者が「適当な品質である」または，それ以上の評価（「品質があまりによすぎる」，「品質がややよすぎる」）をしている．続いて German P（「適当」以上の評価は74.9%），Japanese R（45.4%），German R（38.1%）の順であった（図5.1）．

つまり回答者は生産国を問わずパルプ製のトイレットペーパーの品質を再生紙製トイレットペーパーよりも高く評価していた．また，素材が同じ場合にはドイツ製よりも日本製を高く評価していた．

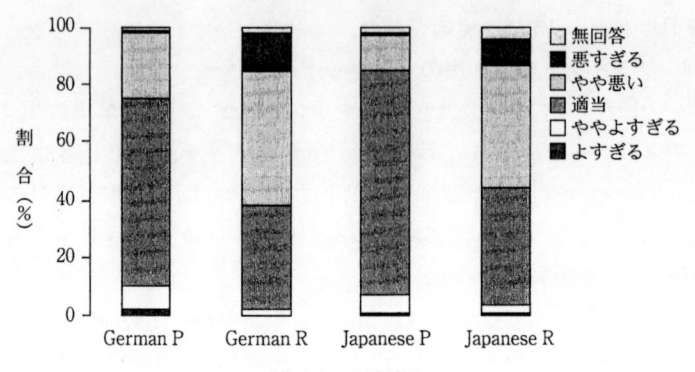

図 5.1 品質評価

　パルプ製品が再生紙製品よりも高く評価されるのはおそらく外見，特に白さと触り心地によって説明できるだろう．しかし，素材を問わず日本製トイレットペーパーがドイツ製よりも好まれるのはなぜなのだろうか．1つの可能性は熟知性，つまり普段使用している製品に近いかどうかということである．つまりドイツ製品への馴染みのなさが，日本人によるドイツ製品の低い評価につながっているのかもしれない．

▶素材の推定

　素材の推定に関しては，German P（パルプ製）を受け取った者の5.2%，Japanese P（パルプ製）を受け取った者の13.5%が，製品がパルプ製であると推定していた．

　またパルプ製品を受け取った者の約半分（German Pの55.7%とJapanese Pの46.5%）が，トイレットペーパーが再生紙製だと推定していた．残りの者のほとんどは「わからない」と回答した．対照的に，再生紙製トイレットペーパーでは，受け取った者の約4分の3（German Rの77.2%とJapanese Rの71.9%）が再生紙製であると推定しており，非常に少数の者がパルプ製品だと推定していた（図5.2）．

　つまり，人々はパルプ製トイレットペーパーの原材料を正しく推定することはできなかった．多くの人々はパルプ製のトイレットペーパーの原料に古紙が含まれていると推定していた．対照的に，人々は再生紙製トイレットペーパーの原材料を正しく推定できたことになる．

　この結果には，2つの説明が可能だろう．1つの説明は，日本人は実際に再

5.4 調査の結果と考察

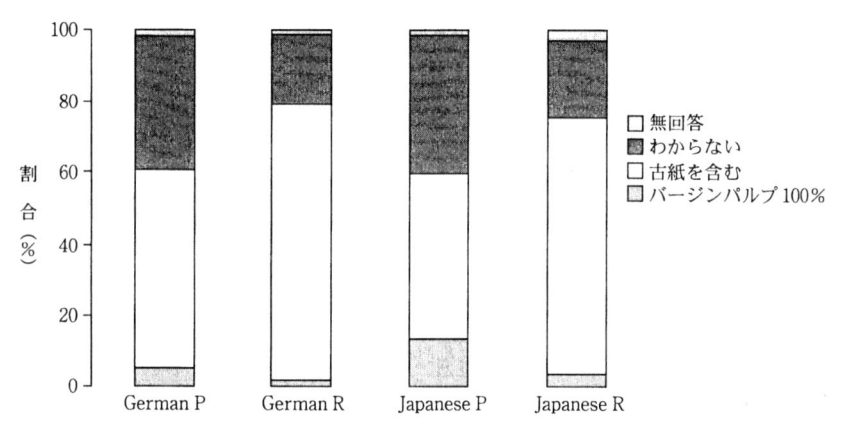

図 5.2 素材の推定

生紙製品とパルプ製品を区別できないというものである．もう1つは，日本人は質や実際の素材にかかわらず，トイレットペーパーは再生紙製であると思う傾向があるというものである．後者を別の言い方でいうと，多くの日本人はすべてのトイレットペーパーは，少なくとも多少は，古紙を原料にしているに違いないと信じているということである．このうちどちらの説明の妥当性が高いということではなく，おそらく両方の原因が同時に働いているのではないかと思われる．

▶**使用への意志**

図 5.3 はどのくらいの価格であれば受け取ったトイレットペーパーを使用す

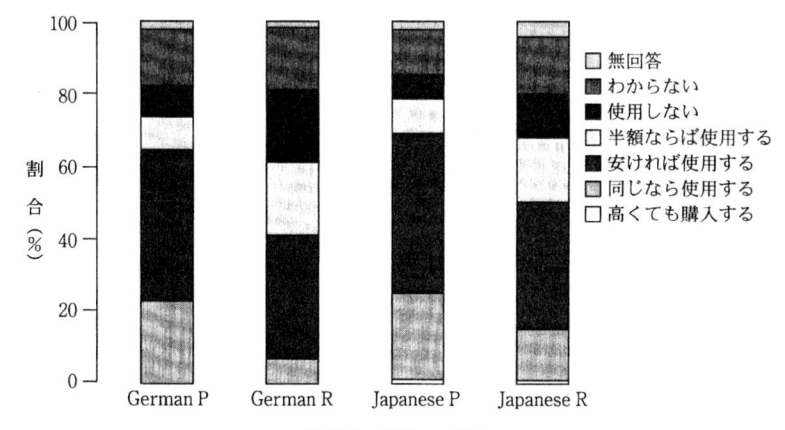

図 5.3 使用への意志

るかという判断を示したものである．

Japanese P を受け取った者の 25.2%，German P を受け取った者の 23.1%，Japanese R を受け取った者の 15.7%，German R を受け取った者の 7.4% が普段使用しているトイレットペーパーと比較して，受け取った製品の価格が「同じ」，もしくは「高く」とも使用したいと回答した．この結果は，品質の評価と一致しているといえる．つまり人々は，品質を高く評価しているだけでなく，国産でパルプ製の製品に対して通常の価格であれば，もしくは多少高くても購入してもいいと判断していることが明らかになった．

▶素材の推定と使用への意志の関係

ここまでは生産国と素材が購入意図に影響を与えていることを見てきた．しかし同時に，人々が素材，特にパルプ製のトイレットペーパーの素材を常に正しく推定できるわけではないことが明らかになっている．この2つの結果はどのように結びつけることができるのだろうか．ここで，この主観的で必ずしも正しくない素材の推定が，トイレットペーパーを使用したいという意図にどのように影響しているかを，ロジステック回帰分析を用いて検討した（コラム 4 参照）．

購入の意図の項目として，価格が同じ場合にその製品を使用するかどうかという項目である問 1.3-2（普段購入しているものと同じなら使用する）を選択し，従属変数とした．説明変数としては，素材の推定（問 1.2），トイレットペーパーの実際の素材，そして生産国を採用した．

表 5.3 は回帰係数の推定値を示している．正の符号は使用意図を促進する効果があり，負の符号は抑制する効果があることを示している．予想されたように，結果は再生紙製であることと，ドイツ製であることが使用の意図に抑制の効果をもっていることを示している．つまり，トイレットペーパーが再生紙製

表 5.3 トイレットペーパーを使用したいという意志に影響を与える要因

要因	推定値 (t)
切片	-1.205 (-9.011^{**})
リサイクル製品	-0.399 (-4.965^{**})
ドイツ製	-0.171 (-2.232^{*})
パルプ製と推測	0.428 (3.137^{**})
再生紙製と推測	-0.049 (-0.580)

* $p<0.05$ ** $p<0.01$

である場合，またドイツ製である場合に使用意図が減少する傾向を示していた．

しかし，さらに重要なことは，トイレットペーパーの生産国と実際の素材と同様に，素材の主観的な判断（推測）にも使用意図への効果が見られることである．このことが意味しているのは，同一の素材のトイレットペーパーを判断している場合であっても，そのトイレットペーパーを再生紙製だと判断している者のほうが，パルプ製だと判断している者よりも，その製品を使用したくないと判断する傾向が強いということである．つまり，品質そのものだけではなく，パルプ製品であるという主観的判断も，その製品を使用したいという意志に影響を与えていたことになる．

ここまでの結果から，品質の判断においても，使用意図の判断においても，回答者がパルプ製品を再生紙製品よりも高く評価したことから，再生紙製トイレットペーパーの品質や外見はパルプ製品よりも劣っていることになる．しかし，素材の推定に関しては正確な判断をすることはできないにもかかわらず，

コラム 4： ロジステック回帰分析

ある出来事が起こる確率と起こらない確率の比をオッズと呼ぶ．競馬などのかけ率を示す指標のオッズと同じ用語である．そして，2つの条件におけるオッズの比をオッズ比と呼ぶ．ロジステック回帰分析とは，条件間におけるオッズ比の自然対数（対数オッズ比と呼ばれる）を推定するものである．そして対数であるために，基準にした条件に対する比較条件の対数オッズ比が正の値をとる場合は，比較条件のオッズが基準条件のオッズよりも大きいことを示し，つまり比較条件において出来事の発生率が基準条件よりも高いことを意味する．逆に負の値をとる場合には，比較条件において出来事の発生率が基準条件よりも低いことを意味する．ゼロの時には両条件における出来事の発生率が同じことになる．対数オッズ比を求めることで，ロジステック回帰分析はある条件が出来事の起こる確率にどのように影響しているかを明らかにする．

また，ロジステック回帰分析は複数の変数（要因）を同時にモデルに入れ，複数の変数のオッズ比を同時に計算することができる．この場合に推定されるオッズ比は調整オッズ比であり，変数間の関係（「交絡」と呼ばれる）の影響を取り除いたものである．このことにより，真の原因ではない，他の変数との関係による見かけ上の効果を排除することが可能になる．これは，重回帰分析における偏回帰係数と同じように考えることができる．

同じ製品であっても再生紙と判断された場合には使用したくないと判断される傾向があることも明らかになった．つまり，製品の物理的特性に加えて，再生紙であるという主観的判断，つまりはイメージが使用したくないという意志を生み出していると考えることができる．これらの結果は，再生紙製のトイレットペーパーの消費を増加させるためには再生紙製品の品質・外見を向上させるだけではなく，再生紙のイメージを向上させる必要があることを示唆している．

5.4.2 トイレットペーパーの購入基準

問2.1から問2.3は日本における実際のトイレットペーパーの消費行動のパターンとその理由を検討する質問項目である．

問2.1の結果から，全世帯のうち34.8%が再生紙製のトイレットペーパー

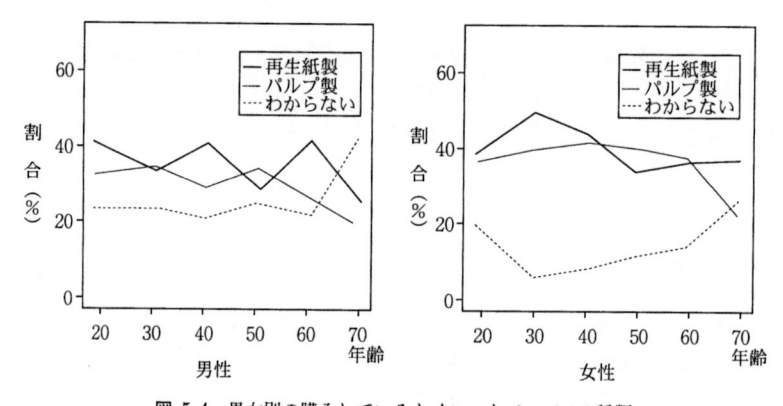

図 5.4 男女別の購入しているトイレットペーパーの種類

表 5.4 トイレットペーパーの購入基準

項目	(%)
1. 自分は買わないのでわからない	20.7
2. ブランド	5.2
3. 紙が何重かになっている	17.8
4. 地球にやさしい製品	15.1
5. 柔らかさなどの使い心地	37.8
6. チラシやお店で目につくもの	9.3
7. 値段の安いもの	36.0
8. 白さなどの見かけや，きれいな包装	3.1
9. いつも使用しているもの	20.7
10. 特にない	5.2

5.4 調査の結果と考察

表 5.5 再生紙製のトイレットペーパーの評価

項　目	(%)
1. 特にない	18.2
2. 使い心地がよい	10.9
3. 使い心地が悪い	9.6
4. バージンパルプ製品と比べて，価格が安い	22.5
5. バージンパルプ製品と比べて，価格が高い	7.6
6. 見かけや包装が悪い	9.5
7. 見かけや包装がよい	2.2
8. 使いたい気がしない	4.8
9. 使いたい	14.0
10. 気持ちが悪い	1.8
11. 気持ちがよい	1.9
12. チラシやお店で目につく	12.2
13. チラシやお店で目につかない	4.9
14. 来客用としては失礼である	5.8
15. 来客用としてふさわしい	2.0
16. 地球にやさしい	41.7
17. 地球に厳しい	0.0
18. きたない	1.3
19. きれい	2.8
20. わからない	15.3

を使用し，38.7%がパルプ製を使用していることがわかる．また，19.2%は使用しているトイレットペーパーの素材を知らなかった．その他には，噴射式の洗浄機，ちり紙，無回答が含まれている．人口統計変数に関しては，30代，40代の女性が再生紙製トイレットペーパーを使用する傾向を示していたが，男性に関しては特に傾向は見出されなかった（図5.4）．また，「知らない」と答える男性の割合が，女性よりも大きい点も重要であろう．

表5.4はトイレットペーパーの購入基準（問2.2）への回答を示している．もっとも頻繁に選択された基準は「柔らかさなどの使い心地」で，次は「値段の安いもの」であった．

表5.5は再生紙製トイレットペーパーへの評価（問2.3）を示している．再生紙製トイレットペーパーに対する最も顕著な評価は「地球にやさしい」で，次は「バージンパルプ製品と比べて，価格が安い」であった．

問2.1から問2.3に対する回答はそれぞれ重要な情報を示しているだろう．しかし，購入しているトイレットペーパーの種類，購入基準，そして再生紙製トイレットペーパーの評価の情報を独立したものとして考えるのではなく，こ

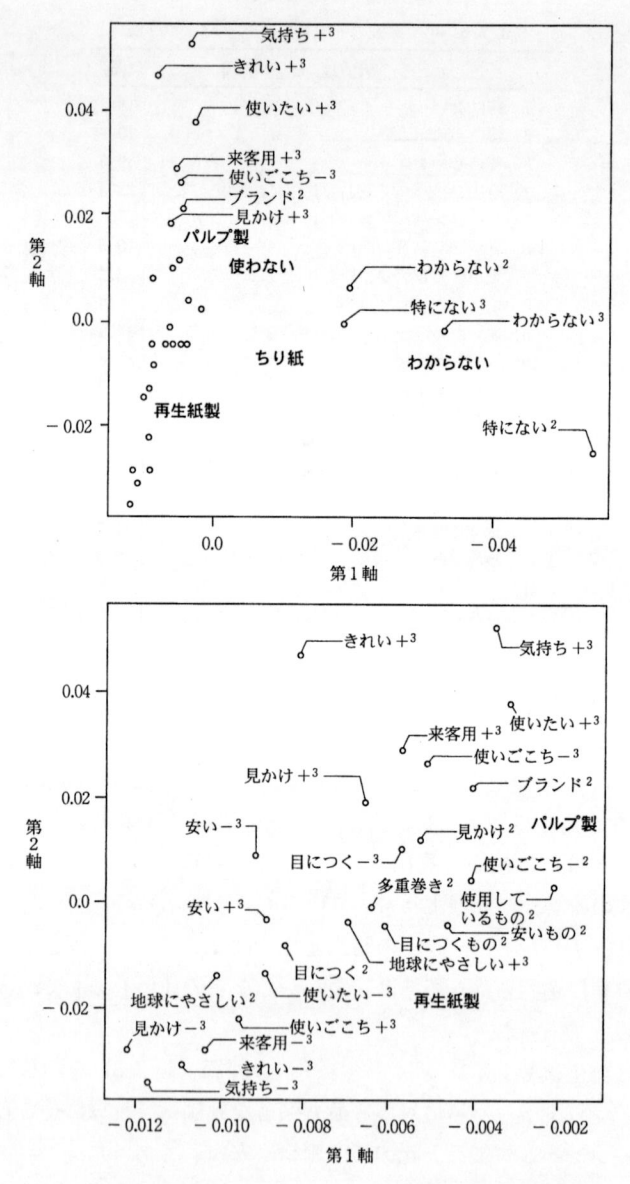

図 5.5 使用しているトイレットペーパーと購入基準の関係：数量化III類
^{2} は問 2.2 への回答，^{3} は問 2.3 への回答を表し，図の＋は肯定，－は否定を表す．下図は上図の原点付近の拡大図である．

5.4 調査の結果と考察

れらの間にどのような関係があるかを知ることができれば，それはさらに有用な情報を与えてくれると考えられる．

具体的には，実際に再生紙製トイレットペーパーを使用している者とパルプ製のトイレットペーパーを使用している者では，トイレットペーパーの購入基準に違いがあるのか，また，再生紙製トイレットペーパーを使用している者とパルプ製のトイレットペーパーを使用している者では再生紙製トイレットペーパーの評価に差があるのか，という問題が考えられる．このような問題を検討するために，数量化III類を問2.1，問2.2，問2.3に対する回答に適用した．結果を図5.5に示す．

第1軸（水平軸）は，自分が使用しているトイレットペーパーの種類を知っている者（「**パルプ製**」，「**再生紙製**」）と，トイレットペーパーを使用していない（「**使わない**」，「**ちり紙**」），または自分が使用しているトイレットペーパーの種類を知らない（「**わからない**」）者を判別している．トイレットペーパーを使用していない者と使用しているトイレットペーパーの種類を知らない者のまわりに具体的な購入基準が布置されないことから，この軸からは，自分がどんな種類のトイレットペーパーを使用しているかを知らない者は購入の際の判断基準をもたず，また再生紙製のトイレットペーパーに対する特定の評価をもたないことがわかる．

コラム 5： 数量化III類

数量化III類とは，サンプル（回答者）と回答のカテゴリーを行と列にとった回答パターン行列をもとに，サンプルとカテゴリーの対応関係の距離の総和（重みつき2乗和）を最小にするように，サンプルとカテゴリーをプロットする統計手法である．対応分析（correspondence analysis）や双対尺度法（dual scaling）と同様の手法である．ここでのプロットは2次元空間としているが，3次元以上の空間に布置を拡張することも可能である．

数量化III類の結果のプロットには以下のような性質がある．① 類似した回答パターンをしたサンプルは近くにまとまる．② その類似回答グループが回答したカテゴリーはそのグループの付近に布置される．③ したがって，同じサンプルに同時に回答されることの多いカテゴリーも近くにまとまる．また，④ 相対的に回答されることの多いカテゴリーは原点付近に布置され，⑤ 回答数の少ないカテゴリーは周辺部に布置される性質をもつ．

第2軸（垂直軸）は再生紙製トイレットペーパーの使用者とパルプ製トイレットペーパーの使用を判別している．そこでまず，再生紙製トイレットペーパーを使用している者の購入基準と再生紙製トイレットペーパーの評価について見ていこう．

多くの再生紙製トイレットペーパーの使用者（「**再生紙製**」）が選択した基準（図5.5下の左下にある項目）は「地球にやさしい製品」である．再生紙製トイレットペーパーの評価では，再生紙製トイレットペーパーの使用者は再生紙製トイレットペーパーを「使い心地がよい」，「見かけや包装がよい」，「使いたい」，「気持ちがよい」，「チラシやお店で目につく」，「来客用にふさわしい」，「きれい」と判断する傾向があった．

一方で，パルプ製トイレットペーパーの使用者（「**パルプ製**」）にとってのパルプ製トイレットペーパーを選択する最も強い基準は「ブランド」であった．評価では，パルプ製トイレットペーパーの使用者は，再生紙製トイレットペーパーを「使い心地が悪い」，「見かけや包装が悪い」，「使いたくない」，「気持ちが悪い」，「来客用に失礼である」，「きたない」と判断する傾向があった．

また，第3軸以降には有用な情報は現われなかった．

要約すると，再生紙製トイレットペーパー使用者の主な購入基準は環境保護的態度であり，一方パルプ製トイレットペーパーの使用者の主な購入基準はブランドであった．また，予想できるように，再生紙製トイレットペーパーの使用者は再生紙製トイレットペーパーの肯定的評価とイメージをもち，パルプ製トイレットペーパーの使用者は再生紙製トイレットペーパーの否定的評価とイメージをもっていることが判明した．

5.4.3　購入基準と購入行動の定量的解析

以上のように明らかにされた関係をさらに定量的に検討するために，「パルプ製のトイレットペーパーを使用している」と「再生紙製トイレットペーパーを使用している」を従属変数にとり，問2.2から問2.3の項目を説明変数にしたロジステック回帰分析を行ない，ステップワイズ法で変数選択を行なった．表5.6に回帰係数の推定値を示す．

トイレットペーパーの購入の基準（問2.2）としては，「特にない」を除いては，「ブランド」と「地球にやさしい」が，再生紙製とパルプ製のトイレットペーパー両方について，逆の符号の最大の係数を示した．したがってこの2つ

5.4 調査の結果と考察

表 5.6 ステップワイズ法で選択された変数の推定値：実際に使用しているトイレットペーパーへの購入基準と評価のロジステック回帰分析（かっこの中は t 値）

説明変数	従属変数	
	再生紙製	パルプ製
切片	-0.476 (-2.919)	-0.924 (-8.517)
トイレットペーパーの購入基準		
1. 自分は買わないのでわからない	-0.485 $(-2.330*)$	
2. ブランド	-1.840 $(-4.285**)$	1.910 $(-5.704**)$
3. 紙が何重かになっている		
4. 地球にやさしい製品	1.034 $(5.086**)$	-1.238 $(-5.522**)$
5. 柔らかさなどの使い心地	-0.601 $(-3.803**)$	0.799 $(5.754**)$
6. チラシやお店で目につくもの	-0.479 $(-2.011*)$	0.467 $(2.004*)$
7. 値段の安いもの	0.496 $(3.173**)$	-0.491 $(-3.365**)$
8. 白さなどの見かけや，きれいな包装		
9. いつも使用しているもの		
10. 特にない	-1.035 $(-2.686**)$	-1.637 $(-3.410**)$
再生紙製のトイレットペーパーの評価		
1. 特にない		
2. 使い心地がよい	1.067 $(4.724**)$	-0.645 $(-2.475*)$
3. 使い心地が悪い	-0.385 (-1.486)	0.552 $(2.428*)$
4. バージンパルプ製品と比べて，価格が安い	0.582 $(3.345**)$	
5. バージンパルプ製品と比べて，価格が高い	-0.685 $(-2.446*)$	1.320 $(5.053**)$
6. 見かけや包装が悪い	-0.624 $(-2.419*)$	0.563 $(2.451*)$
7. 見かけや包装がよい		
8. 使いたい気がしない	-1.373 $(-2.869**)$	0.472 (1.451)
9. 使いたい	0.351 (1.747)	
10. 気持ちが悪い		
11. 気持ちがよい		-1.493 (-1.675)
12. チラシやお店で目につく	0.397 (1.846)	-0.384 (-1.713)
13. チラシやお店で目につかない	-0.857 $(-2.353*)$	0.896 $(2.843**)$
14. 来客用としては失礼である	-0.600 (-1.787)	0.726 $(2.530*)$
15. 来客用としてふさわしい		
16. 地球にやさしい	0.327 (2.123)	
17. 地球に厳しい		
18. きたない		
19. きれい	-0.744 $(-3.233**)$	
20. わからない		

* $p<0.05$ ** $p<0.01$

の変数が，どの種類のトイレットペーパーを選択するかの最も有力な基準であると考えられる．つまり，ブランドイメージを重視する者はパルプ製のトイレットペーパーを選択する傾向があり，地球にやさしくありたいと思う者は，再生紙製のトイレットペーパーを使用する傾向があるということである．再生紙製トイレットペーパーの評価に関しては，「使い心地がよい」が再生紙製トイレットペーパーの購入に有意な促進の効果を，パルプ製のトイレットペーパーの購入には有意な抑制の効果をもっていた．また，「パルプ製品と比べて，価格が安い」と「地球にやさしい」もまた再生紙製のトイレットペーパーの購入に有意な促進効果があったが，パルプ製のトイレットペーパーの購入には有意な抑制効果を示さなかった．

一方で，再生紙製トイレットペーパーに対する「パルプ製品と比べて，価格が高い」，「見かけや包装が悪い」，「チラシやお店で目につかない」という評価は，再生紙製トイレットペーパーの購入に有意な抑制効果を，パルプ製トイレットペーパーの購入に促進効果をもっていた．再生紙製トイレットペーパーに対する「使い心地が悪い」と「来客用としては失礼である」という評価もまたパルプ製トイレットペーパーの購入に有意な促進効果を示していたが，再生紙製トイレットペーパーの購入に対する抑制効果は有意ではなかった．最後に，再生紙製トイレットペーパーを「使用したくない」，「わからない」と回答した者は，再生紙製トイレットペーパーの使用が有意に少なかった．

5.4.4 リサイクル回収行動と再生紙の購入に影響を与える要因

最後に，リサイクル行動と再生紙の使用の関係について見てみることにする．

まず，日本における廃棄物回収システムの実態についての結果を示す．回答者の全世帯のうち，76.3％が廃棄物の回収と処理に特定の料金を払っておらず，6.0％は従量制で料金を支払っており，4.4％が定額制で固定料金を支払っており，11.8％は支払いの方法を知らなかった．続いて，支払いの方法，都市の規模，行なわれているリサイクル回収，住民の人口統計的特徴の関係を明らかにするために，性別，年齢，都市の規模，廃棄物回収と処理費用の支払い方法，および住民によって行なわれているリサイクル回収の種類のデータに対して数量化III類を適用した．

図5.6に数量化III類の結果を示す．上図右下の領域にある「**わからない**」

5.4 調査の結果と考察

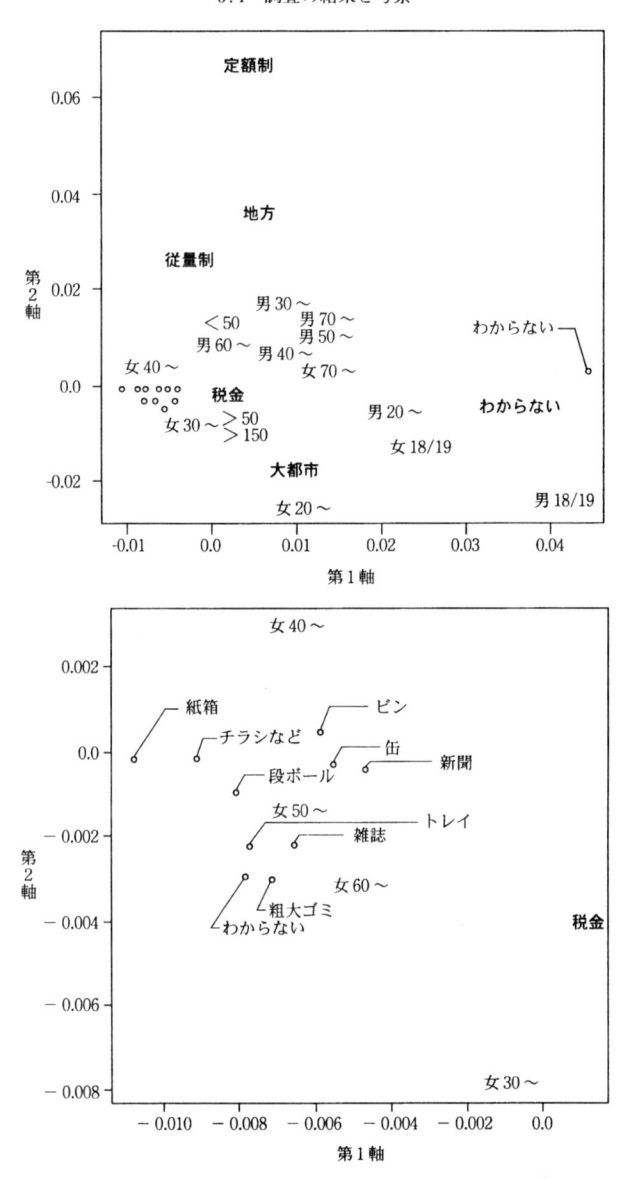

図 5.6 人口統計的変数と回収システムの関係
下図は上図の原点付近を拡大したものである.

(支払方法がわからない)の近くには,「わからない」(何をリサイクル回収しているか知らない),「男 18/19」(男性 18, 19 歳),「女 18/19」(女性 18, 19 歳),「男 20〜」(男性, 20 代),「女 20〜」(女性 20 代),「**大都市**」(100 万人以上の人口をもつ都市)が集まっている.つまり,多くの年齢の若い者は大都市に居住し,また彼らの多くは何がリサイクルされているか,廃棄物の回収処理費用をどのように支払っているかを知らないという傾向が示されている.

対照的に,左上の領域では「**地方**」(町村)が「**定額制**」(量にかかわらず一定の金額)と「**従量制**」(量に応じた金額)の間に布置されたが,どちらかといえば「**従量制**」寄りであった.つまり,廃棄物回収・処理に対する特別の費用負担は郊外地域で一般的であり,そこでは従量制のほうがより普及していることを意味している.

すべての種類のリサイクル可能な素材と 30 歳以上のすべての世代が「**税金**」(ゴミ回収処理のための特別の費用を支払っていない)のまわりに集まっていた.中規模の人口をもつ 3 つの都市,「＜50」(5 万人未満の人口の都市),「＞50」(人口 5 万人以上 15 万人以下の都市)「＞150」(人口 15 万人以上の都市),がこの集まりに含まれている.つまり,中間規模人口の都市(人口 100 万人未

表 5.7 消費行動と紙リサイクル

購入行動	リサイクル行動					
	古新聞		古雑誌		古段ボール	
	はい	いいえ	はい	いいえ	はい	いいえ
パルプ製	317(311.8)	115(120.2)	214(210.6)	218(221.4)	138(150.9)	294(281.1)
再生紙製	342(347.2)	139(133.8)	231(234.4)	250(246.6)	281(168.1)	300(312.9)

観測値(期待値)

表 5.8 回収制度と紙リサイクル行動

回収制度	リサイクル行動					
	古新聞		古雑誌		古段ボール	
	はい	いいえ	はい	いいえ	はい	いいえ
従量制	58(50.4)	17(24.6)	34(33.9)	41(41.1)	34(24.5)	41(50.5)
定額制	34(36.9)	21(18.1)	20(24.9)	35(30.1)	16(17.9)	39(37.1)
特別の費用を払っていない	677(640.7)	277(313.3)	466(431.2)	488(522.8)	332(311.0)	622(643.0)
知らない	57(98.0)	89(48.0)	36(66.0)	110(80.0)	19(47.6)	127(98.4)

観測値(期待値)

5.4 調査の結果と考察

満の都市)には，若者の住民は少なく，廃棄物の回収と処理には一般的な税金以外の特別の費用負担をしておらず，またそこの住民は複数の素材をリサイクルしている傾向があった．さらに，原点付近に注目すると(図5.6下図)，40歳以上の女性がすべてのリサイクル可能な素材に対する主なリサイクル実施者であることが明確に示されている．

次に実際のトイレットペーパーの消費と紙リサイクル行動の関係について検討した．表5.7は使用しているトイレットペーパーの種類と3種類の古紙(古新聞，古雑誌，古段ボール)リサイクル行動の組合せの頻度表である．χ^2(カイ2乗)値($\chi^2=0.588$, $df=1$, n.s.；$\chi^2=0.208$, $df=1$, n.s.；$\chi^2=3.236$, $df=1$, n.s.)は3種類の古紙すべてについてのリサイクル行動が，使用しているトイレットペーパーの種類と独立であることを示している．つまり，リサイクルのトイレットペーパーの使用と古紙回収活動への参加の間には関係がないことになる．

それでは，何が実際のリサイクル行動に影響を与えているのだろうか．表5.8は居住地域で行なわれている廃棄物回収制度，特に支払方法の違いと3種類の古紙(古新聞，古雑誌，古段ボール)のリサイクル行動を組み合わせた頻度表である．χ^2値は3種類すべての古紙のリサイクル行動と廃棄物回収制度に有意な関係があることを示している．

さらに残差分析(観測値と期待値の差を問題にする分析)を行なうと，居住地における廃棄物回収制度について知らない者は古紙リサイクルをしない傾向が明らかにされる．この結果は，廃棄物回収に対して注意を払っていない者は紙リサイクルにも関心をもたないのだと解釈することができよう．また量にかかわらず定額の料金を支払っている者は紙リサイクルに参加しない傾向が示された．これは，定額制の廃棄物処理費用を払っている者は，①廃棄物の量によって料金が変わらないので，リサイクルによる廃棄物の減量が動機づけとして働かないため，もしくは，②料金を払っているので廃棄物を出すことを権利として考えるため，という2つの解釈が可能であろう．定額制で料金を払っている者とは対照的に，従量制で料金を支払っている者は紙リサイクルに参加する傾向があった．このことはリサイクルできる素材をリサイクルすることによる廃棄物処理費用の低減が，彼らには動機づけに働くと考えられ，これは定額制の解釈の①を支持しているようである．一方で，一般的な税金以外の特別

の費用負担をしていない者は紙リサイクルに参加するという傾向が示された．これは，特別の負担をしていないので廃棄物を出す権利意識が強くないため，と解釈することが可能であり，定額制の②の解釈を支持しているようである．しかし，この2つの解釈が意味することは矛盾する排他的な要素ではなく，むしろ双方の要素が補完的に働いていると考えるのが妥当であろうと思われる．

まとめてみると，廃棄物回収の制度とリサイクル行動の関係が示唆することは，居住地における廃棄物回収システムについて知識がある者の大部分は古紙回収に参加し，回収システムについて知識のない者は参加しない傾向がある．加えて，従量制は紙リサイクルを促進するが，定額制はそうではないことが示唆されている．これらの結果は，実際のリサイクル行動が再生紙製のトイレットペーパーの消費行動とは直接の関係がなく，むしろ回収システムの知識と費用負担の方法によって強く影響されていることを示唆している．

5.5 結論

実際のトイレットペーパーの選択とその選択基準に関する結果は，再生紙製トイレットペーパーを使用している者の選択基準が環境保護と経済的理由であり，パルプ製トイレットペーパーを使用している者の基準がブランドと製品への好感度であることを示している．今後の研究は，どのような要因がこれらの価値観に関係しており，またリサイクルを改善するためにどのようにすればこれらの価値観を変化させることができるかを検討する必要がある．

再生紙製トイレットペーパーの評価については，再生紙製トイレットペーパーを使用している者は再生紙製トイレットペーパーを肯定的に判断し，使用していない者は否定的に見る傾向があった．この結果が示唆することは，トイレットペーパーの消費に関しては態度と行動とは本質的に一致しているということである．つまり，政策的な，または市民運動による態度の変容は行動の変化を引き起こしうることを意味している．

また本章の分析を通じて，実際のリサイクル行動は，再生紙の購入行動とは直接の関係をもたず，むしろ廃棄物回収制度に関する知識と費用負担方式によって決定されているという結果が明らかになった．古紙の回収に参加するかどうかは，再生紙製トイレットペーパーの使用に影響を与えていた環境への配慮意識とは強い関係がなかったということである．

コラム 6： ブラインドテスト用のトイレットペーパーの市場での位置づけ

　ブラインドテストの結果は，製造国や原材料の他に，明らかに選択，使用したトイレットペーパーの製品そのもののもつ特性によって影響されている．今回使用したトイレットペーパーがどのような特性をもっているかに関しては，表5.2に示した．しかし，これだけではこれらの製品が市場の中でどのような製品なのかの相対的な判断ができない．そのため，日本製のパルプ製品9種と，再生紙製品56種について同様の検査を行ない，今回調査に使用した製品の特性の相対的位置を示すことにする．パルプ製品は検査当時（2000年2月～3月）に都内の小売店で一般的に入手できたものである．再生紙製品は同様に都内で入手できたものに加え，九州，中部，東海のメーカーから寄贈していただいた製品の31商品を加えている．ここで行なった物理試験はTAPPI test methods T 220 sp-96 "Physical testing of pulp handsheets" に基づいている．

1. 厚さ（μm）

　厚さとは紙一枚の厚みである．図1に示すように，調査で使用した2つの日本製品は調査で使用した2つのドイツ製品よりも厚いことがわかる．特にドイツ製の再生紙は相対的に見て，日本ではかなり薄い製品である．しかし，実際の製品は日本製が一重であるのに対し，ドイツ製は二重，三重巻きであるので，使用時の厚み感はドイツ製の方が高いと思われる．

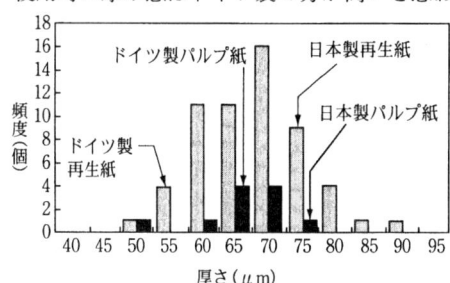

検体	ply	エンボス	厚さ(μm)
日本製パルプ紙	1	○	70.70
日本製再生紙	1	○	74.50
ドイツ製パルプ紙	2	○	61.90
ドイツ製再生紙	3	○	52.20

図1　厚さ

2. 含水率

　含水率とは紙の含んでいる水分量であり，手触りに関係している．TAPPI test methods T 550 om-93 "Determination of equilibrium moisture in pulp, paper and paper board for chemical analysis" に従い測定を行ない，次式にて算出している．

$$含水率(\%) = \frac{風乾重量(g) - 絶乾重量(g)}{風乾重量(g)}$$

風乾重量(g)：20℃, 相対湿度65%で24時間以上放置した試料の重量

絶乾重量(g)：105℃で3時間乾燥させた試料の重量

図2に示すように，調査で使用した4製品とも大差はなく，ほぼ全製品の平均の付近にあることがわかる．

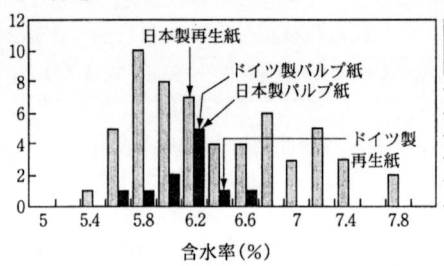

検体	ply	エンボス	含水率(%)
日本製パルプ紙	1	○	6.14
日本製再生紙	1	○	6.19
ドイツ製パルプ紙	2	○	6.18
ドイツ製再生紙	3	○	6.24

図2 含水率

3．絶乾坪量

絶乾坪量とは単位面積当たりの乾燥重量である．TAPPI test methods T 410 om-93 "Grammage of paper and paper boards" に従い，次式で算出した．

$$絶乾坪量(g/m^2) = \frac{絶乾重量(g)}{試料面積(m^2)}$$

図3に示されるように，ドイツ製再生紙の重量が非常に重い．つまり相対的に密度の高いしっかりした紙であることがわかる．

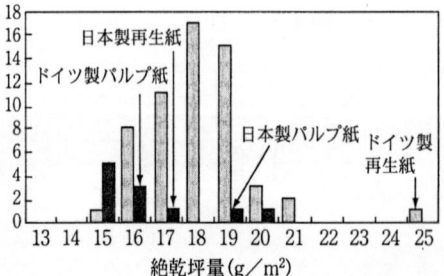

検体	ply	エンボス	絶乾坪量(g/m²)
日本製パルプ紙	1	○	18.72
日本製再生紙	1	○	17.14
ドイツ製パルプ紙	2	○	15.98
ドイツ製再生紙	3	○	24.24

図3 絶乾坪量 (g/m²)

4．比引張り強さ，比引張りこわさ

引張り強さとは，紙を引張った時にどのくらいの強さで破けるかを意味し，また引張りこわさとは紙を引張った時にどのくらい伸びるかを意味している．この2項目については，ISO 1924-3 "Papers and boards-Tensile strength, strain at break, tensile energy adsorption and tensile stiffness-Part 3 : Constant rate of elongation method (100mm/min)"に基づいて測定し，次式で算出している．

$$比引張り強さ(Nm/g) = \frac{破壊荷重(N)}{試験片の幅(m) \times 絶乾坪量(g/m^2)}$$

$$比引張りこわさ(Nm/g) = \frac{傾き(N/m) \times 試験片のつかみ間隔(m)}{試験片の幅(m) \times 絶乾坪量(g/m^2)}$$

傾き：引張り試験により得られた応力-ひずみ曲線の初期の直線部分の傾き

図4に示されるように日本製の再生紙製品が多少丈夫なほかは，他の3製品はほぼ平均値付近の，同じような引張り強さを示している．また，引張りこわさに関しては，図5に示すように，ドイツ製のパルプ製品が非常な伸縮性をもっており，反対にドイツ製の再生紙製品は，非常に伸縮性が小さいことがわかる．また日本製に関してはパルプ製品は平均的な伸縮をもち，再生紙製品は相対的に伸縮が小さいほうであることが示された．

検体	ply	エンボス	比引張り強さ(Nm/g)
日本製パルプ紙	1	○	5.24
日本製再生紙	1	○	14.23
ドイツ製パルプ紙	2	○	7.09
ドイツ製再生紙	3	○	5.31

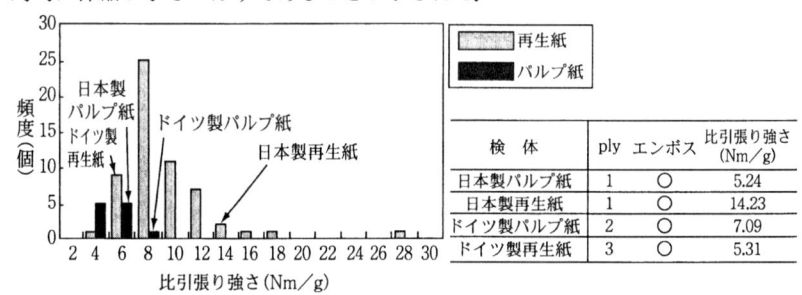

図4 比引張り強さ (Nm/g)

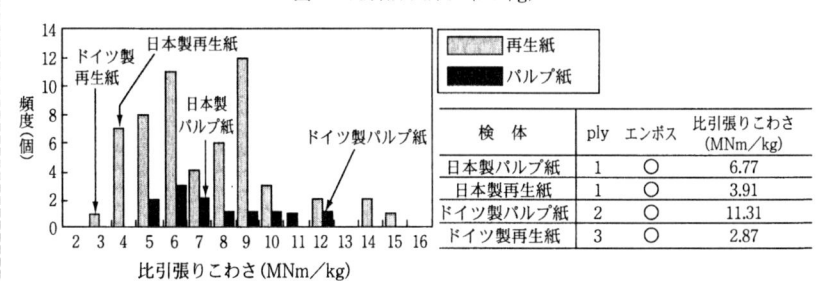

検体	ply	エンボス	比引張りこわさ(MNm/kg)
日本製パルプ紙	1	○	6.77
日本製再生紙	1	○	3.91
ドイツ製パルプ紙	2	○	11.31
ドイツ製再生紙	3	○	2.87

図5 比引張りこわさ

5. 白色度

白色度とは紙の表面の見かけの白さ（光の反射率）を意味する．ISO 3688 "Pulps-Measurement of diffuse blue reflectance factors (ISO brightness)" に従い測定している．

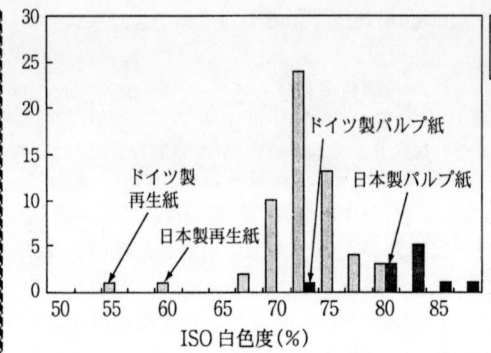

検体	ply	エンボス	ISO白色度(%)
日本製パルプ紙	1	○	80.96
日本製再生紙	1	○	58.51
ドイツ製パルプ紙	2	○	72.31
ドイツ製再生紙	3	○	52.99

図6 ISO白色度

　図6に示すように，今回調査に使用した再生紙製品の白色度は，市場にある製品と比較して，非常に低い．つまり，普段は目にしないような灰色がかった製品であったことがわかる．

　全体をまとめてみると，市場に存在する平均的な商品と比較すると，調査で使用したドイツの再生紙製品は非常に重くしっかりしており，また白色度も非常に低い．また，日本製の再生紙製品の白色度もそれに準ずる低さであった．しかし，このことは偶然ではない．今回の調査においては，素材の対比が最も明確になるように日本製再生紙製品の中からあえて白色度の非常に低い製品を選択していた．この製品は雑誌古紙のみから作られている，日本で唯一の製品でもある．したがって，今回使用したトイレットペーパーは，日本の再生紙製品を代表するものではないし，結果も平均的再生紙製品に対するものではないことに注意してほしい．

6

消費者と製紙産業の対比
—— 日本の生産者調査

6.1 消費者と製紙産業

　第5章では，紙リサイクルシステムの動脈と静脈を繋げる消費者の再生紙の購入行動と古紙の回収行動の関係について検討した．そして，その2つが関連していない様子が調査結果から浮かび上がってきた．古紙の回収に参加するかどうかは，回収制度の違いに強く影響を受けており，再生紙製トイレットペーパーの使用に影響を与えていた環境への配慮意識とは強い関係がないことが明らかにされた．

　本章では，住民の古紙消費活動について別の角度から検討してみたい．再生紙の購入行動を規定する1つの要因が消費者の意識にあることは明らかであるが，どのような製品が市場に存在しているかということももう1つの重要な要因であろう．つまり，生産者がどのような製品を生産し，市場に供給しているかによっても消費のパターンは影響を受けると考えられる．

　一方で，生産者は基本的には販売利益が最大になるように製品を製造し，また製品開発をしている．そして，原料や生産コストを下げる努力とともに，販売量が最大になるような努力がなされている．そのために生産者は消費者がどのような製品を求めているかを推測し，消費者が求めている製品を生産していると考えられる．このような構造で，消費行動は消費者と生産者のダイナミックな相互作用によって決定されていると考えられるため，紙リサイクル社会における再生紙消費の問題を考えていく場合には，消費者の調査をすると同時に，生産者の生産活動や意識の調査を行なう必要がある．そこで本章では紙の生産者である製紙会社の調査を紹介する．特に対象とする紙製品は第5章と同

じくトイレットペーパーであるため，調査の対象は日本の製紙会社の中でトイレットペーパーを生産している会社である．

本章で紹介する生産者調査の具体的な目的は，①消費者の選択基準を製紙会社はどのように判断しているのか，②製紙会社は販売店をどのように捉えているのか，③製紙会社はどのような生産戦略をとっているのか，④製品開発において何を重視しているのか，⑤再生紙を生産する際にどのような利点と欠点を感じているのかについて，対応がある場合には第5章で紹介した消費者の調査の結果と対比させながら明らかにすることである．なお，第5章で分析を行なわず，本章ではじめて紹介される項目に関しても，消費者に対する調査は第5章で分析した項目と同時に行なっている．

6.2 生　産　者

1997年の調査実施時に，日本でトイレットペーパーを生産していた製紙会社（生産者）は102社[*1]であった．その中の5社が大手といわれており，トイレットペーパーを含む衛生紙の全生産量の48.1%（受託生産分を含む）を生産していた．残りの会社は中・小規模の生産高の企業ということになる．われわれはこのすべての会社の社長あてに質問紙を郵送した．質問紙では，生産の戦略，リサイクル素材を用いる利点，問題点，将来の生産計画などについて尋ねた．また，消費者の質問紙に対応させた形で，消費者のトイレットペーパー購入基準をどのように考えているか，つまり消費者の意識を推定させる項目についても回答を求めた．

[*1] 1997年現在の日本家庭紙組合の所属会社に大手会社5社を加えた数字．

1997年11月の初めに調査対象の製紙会社すべてに一斉に質問紙を送付した．使用した質問紙を巻末に示す（付録2）．3週間以内に45通の回答を受け取った．次に回答がなかった会社への2度目の質問紙送付を行ない，さらに15通の回答を得た．回答のあった会社のうち3社はトイレットペーパーを生産しておらず，1社は前年火災により工場を焼失していた．無回答にはトイレットペーパーを生産していない会社が含まれると推測できるために，実質的な回答率は $(45+15-4)/(102-4)=57.1(\%)$ 以上あると考えられる．また大手5社のうち2社が回答している．郵送法に対するこの高回答率[*2]は，近年1,

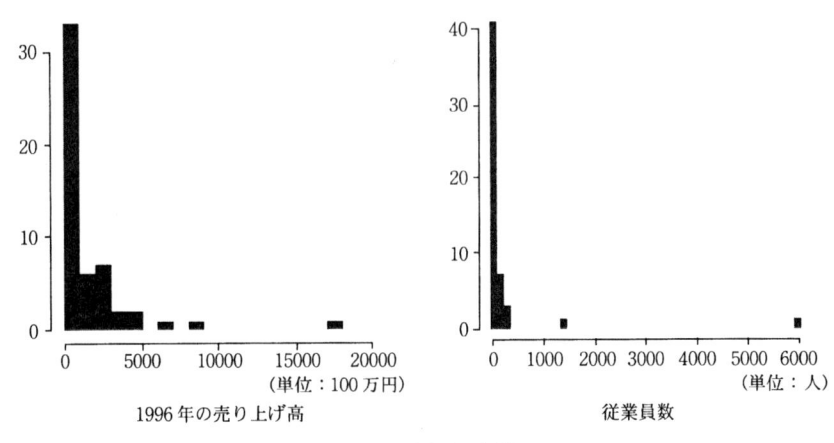

図 6.1 生産者の規模

2の企業が毎年倒産しているという，本産業における危機感を反映していると思われる．

[*2] 一般的に郵送法の回収率はかなり低い（10%から30%程度）ことが多く，今回の57%という回収率は例外的に高い数字である．これは回答者の調査事項への高い関心を反映していると思われる．

図6.1に見られるように，規模の分布は極度に歪んでいる．1996年の平均売り上げは16億8430万円であり，56社のうち49社（87.5%）は30億円以下であった．平均従業員数は214.4人であったが，回答のあった会社のうち43社（76.8%）は従業員数100人以下であり，50社（89.2%）は200人以下であった．52の有効回答中47の製紙会社が，少なくともある程度の再生資源（古紙）を用いていた．

6.3 調査の結果と考察

6.3.1 生産者による消費者の購入基準の推定

まず，消費者のトイレットペーパー購入基準と生産者のそれに対する推測を比較してみよう．生産者の推測とは，消費者がどのような購入基準を用いていると生産者が考えているかということである．ここで用いた消費者の基準の回答項目は「自分は買わないのでわからない」，「ブランド」，「紙が何重かになっている」，「地球にやさしい製品」，「柔らかさなどの使い心地」，「チラシやお店

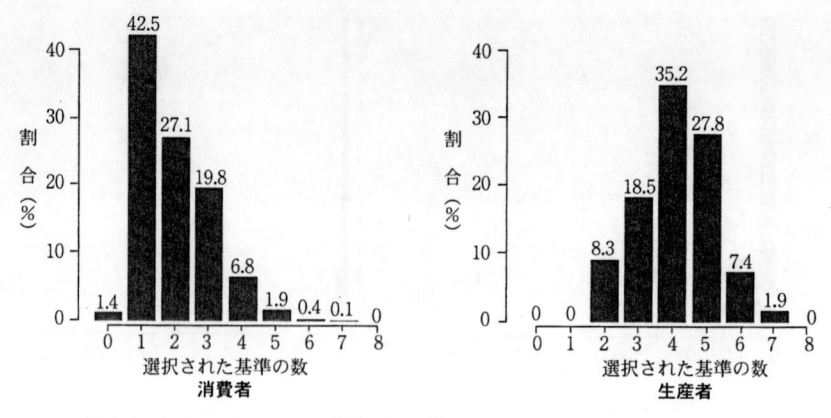

図 6.2 トイレットペーパー選択の基準（「わからない」と回答したものを除く）

で目につくもの」，「値段の安いもの」，「白さなどの見かけや，きれいな包装」「いつも使用しているもの」，「特にない」である．「自分は買わないのでわからない」の項目は生産者に対しては適当ではないので，生産者向けの質問紙からは除外した．また，予備調査時に得た製紙の専門家の助言に従って，「白さなどの見かけや，きれいな包装」の項目は2つの項目，「白さなどの見かけ」と「包装・デザイン」に分割した．消費者と生産者を比較する際には，この2つの項目は合併して，どちらかの項目が選択されている場合に得点とした．

図 6.2 は消費者に選択された基準の数と生産者によって推測された基準の数を示す．比較においては，「特にない」(5.2%)，および「わからない」と回答した消費者 (20.7%) を除外してある．まず大きな傾向の違いとしては，生産者は平均して 4.11 個の基準を選択したが，消費者は平均 1.83 個の基準を選択していたということが挙げられるだろう．

図 6.3 は生産者の推測と消費者がもっている基準の違いを示している．この図には2本の線が引かれている．線Aは生産者の推測と消費者の選択を等分する線であり，この線上にある項目は生産者の推定数と消費者の選択数が等しいことになる．一方で線Bは生産者の選択数と消費者の選択数の比率になっている．したがって，線Bは上述した選択数の違いを考慮した関係，つまり総択数に対する等しい選択頻度を表している．この2つの線分に挟まれた基準を，生産者の推測と消費者の選択がほぼ一致したものと考えることにする．

線Aと線Bに挟まれた領域にある項目のうち，「柔らかさなどの使い心地

6.3 調査の結果と考察

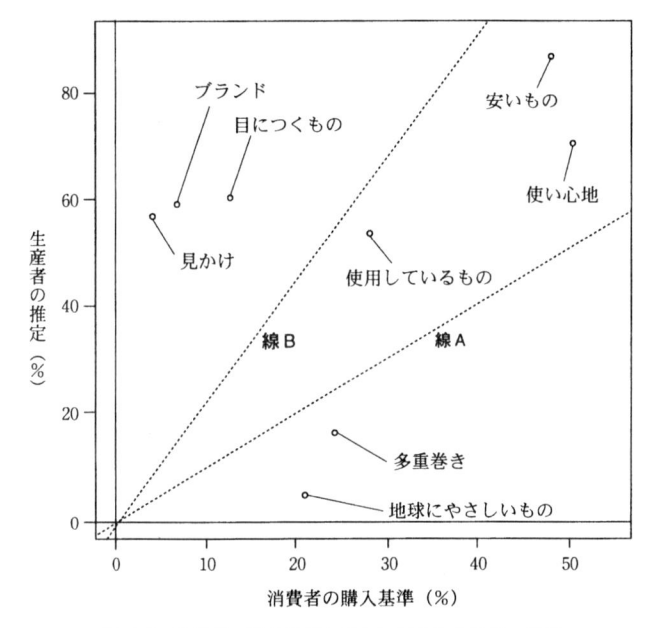

図 6.3 消費者の購入基準とそれに対する生産者の推測

と「値段の安いもの」は生産者と消費者の両者において選択率が高い．つまりこの 2 つの基準が，消費者の選択と生産者の推定が一致する，重要な購入基準ということになる．また「いつも使用しているもの」も双方から中程度の頻度で選択がなされていた．

消費者の実際の購入基準とそれに対する生産者の推測の大きな隔たりが，「ブランド」，「チラシやお店で目につくもの」，「白さなどの見かけや，きれいな包装」の 3 項目に見られた．これらの基準はすべて生産者から 60% 以上選択されたが，トイレットペーパーを購入していない者と基準をもたない者を除外した場合でも，これらの基準を選択した消費者は 12% 以下にすぎなかった．つまり，これらの基準に関しては，消費者はそれほど重視していないのにもかかわらず，生産者は消費者にとっての重要な購入基準だと誤って判断していることになる．

一方で，「紙が何重かになっている」，「地球にやさしい製品」は消費者に比較的高い割合（20% から 25%）で選択されていたが，生産者はそれぞれ 16.7% と 5.6% しか選択しなかった．つまり，これらの基準は実際にはかなり重

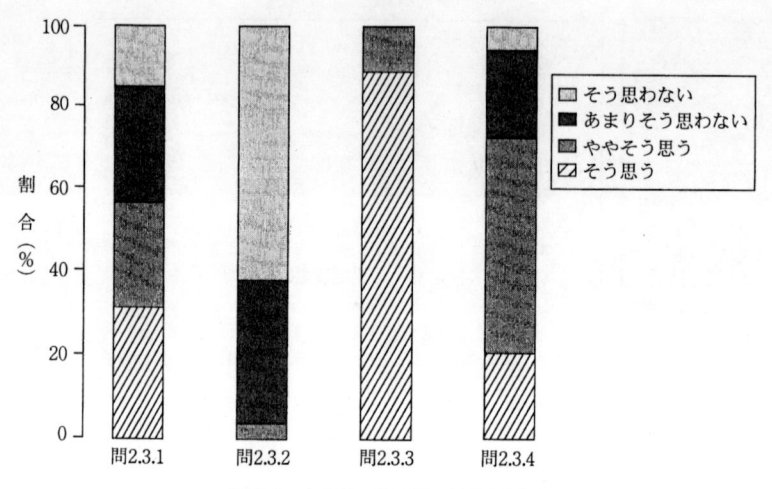

100   6 消費者と製紙産業を対比する

図 6.4 生産者の販売店に対する評価

要な消費者の購入基準であるにもかかわらず，生産者はそれを見逃していることになる．

6.3.2 生産者の販売店に対する評価

次に生産者が販売店をどのように評価しているかを見てみよう．図6.4は，4つの設問による生産者の販売店の評価を示したものである．そこでは以下の各設問に対して多くの販売店があてはまるかどうかを尋ねている．

① 利益の上がりにくい値段の安いトイレットペーパーを扱いたがらない（問 2.3.1）
② 環境にやさしいトイレットペーパーを積極的に扱いたがる（問 2.3.2）
③ トイレットペーパーを安売りの目玉にしがちだ（問 2.3.3）
④ 大手のブランド商品しか扱いたがらない（問 2.3.4）

回答項目は「そう思う」，「ややそう思う」，「あまりそう思わない」，「そう思わない」である．この結果の中で特に重要なことは，生産者は多くの販売店が「トイレットペーパーを安売りの目玉にしがちだ」と強く思っているという点だろう．この質問項目に反対した者は皆無であり，88.9%が「そう思う」を選択した．また，「環境にやさしいトイレットペーパーを積極的に扱いたがる」への反応はほぼすべて否定的であるという結果も重要である．この質問項目に対しては，62.3%が「あまりそう思わない」を選択し，34.0%が「そう思わ

ない」を選択している．

6.3.3 生産者の開発戦略

問 2.1 は新しい製品を開発する際に生産者である製紙会社は何に注意を払っているかに関する項目である．また，この製品開発戦略には，6.3.1 項で分析した消費者の購入基準への推測が影響していることが考えられる．そこで，消費者の購入基準に対する推測と商品開発戦略の関連について分析を行なう．生産者は項目のリストから，商品開発の際に最も重要と考えられる 5 つの項目を選択するように求められた．用いられた回答項目は「価格」，「紙の強度」，「形（芯なしロールなど）」，「紙の肌触り」，「白色度」，「色合い」，「香料・匂い」，「残りインク」，「包装・デザイン」，「製品名・ブランド名」，「コストダウン」，「環境にやさしい工程」，「なるべく古紙を原料に使う」であった．

6.3.4 商品開発戦略の優先順位

生産者がトイレットペーパーの生産に際して何を重視しているかを見てみよう．図 6.5 に見られるように，生産者に選択された頻度の上位 4 位までの項目は「紙の肌触り」(68.5%)，「コストダウン」(66.7%)，「価格」(64.8%)，「白色度」(48.1%) であった．リサイクルと環境保護に関係する項目，「なる

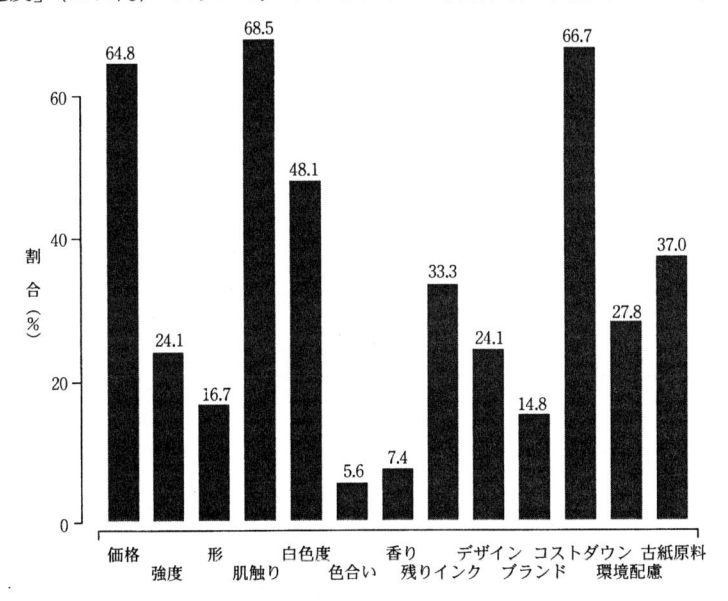

図 6.5 生産の戦略：割合

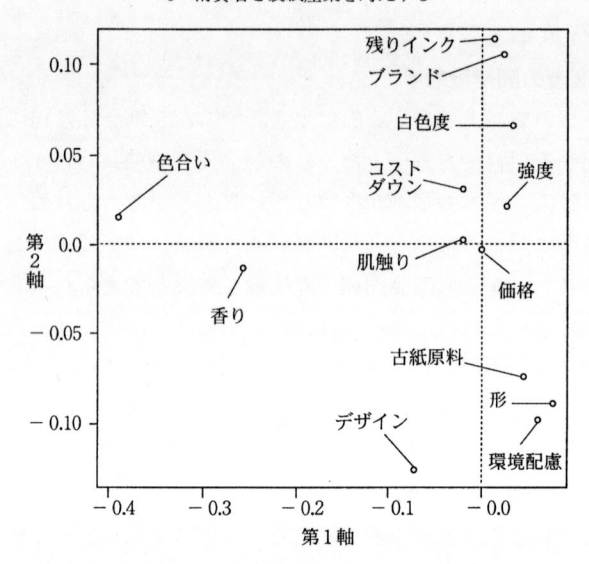

図 6.6 開発の戦略：数量化III類

べく古紙を原料に使う」(37.0%), 「残りインク」(33.3%), 「環境にやさしい工程」(27.8%) が以下続いている．

6.3.5 商品開発戦略の数量化III類

同じデータを数量化III類によって分析した．結果である布置（図6.6）は6.3.4項の結果を裏づけている．第1軸は高級感（「色合い」と「香料・匂い」）を表す項目を弁別しているが，いずれも原点から遠く離れていることから，これらの項目を選択した生産者は少数であることがわかる．第2軸は高品質・ブランド志向とリサイクル・環境志向の区別を表す次元と解釈可能である．高品質・ブランド志向の極は「残りインク」，「製品名・ブランド名」，「白色度」から構成され，リサイクル・環境志向の極は「環境にやさしい工程」，「形（芯なしロールなど）[*3]」，「なるべく古紙を原料に使う」，「包装・デザイン」で構成されている．

[*3] 芯なしロールはトイレットペーパーを巻きつけるための芯に使われる厚紙を節約することができるので，環境にやさしいとされている．

6.3.6 生産者の開発戦略と消費者の購入基準の推定の関係

ここで生産者の消費者の基準に対する推測と商品開発戦略の関係を見るためにロジステック回帰分析を行なった．第2軸によって見出された2つのクラス

6.3 調査の結果と考察

表 6.1 戦略として「ブランド」を重視している会社の消費者の購入基準の推測：ステップワイズ法で選択された変数

	推定値	標準誤差	t 値	修正 t 値[a]
(切片)	-12.839	21.375	-0.603	-0.917
ブランド	2.326	1.209	1.924	2.924**
紙が何重かになっている	0.667	1.114	0.599	0.910
柔らかさなどの使い心地	1.137	1.220	0.932	1.416
値段の安いもの	7.748	21.281	0.364	0.553
白さなどの見かけ	-0.507	1.269	-0.399	-0.607
いつも使用しているもの	1.586	0.971	1.634	2.483*

[a] 有限母集団を考慮して t 値を $\sqrt{(98-1)/(98-56)}=1.5197$ 倍している．
* $p<0.05$, ** $p<0.01$.

表 6.2 戦略として「古紙原料」を重視している会社の消費者の購入基準の推測：ステップワイズ法で選択された変数

	推定値	標準誤差	t 値	修正 t 値[a]
(切片)	-2.483	1.363	-1.822	-2.769**
紙が何重かになっている	-0.755	0.953	-0.792	-1.204
地球にやさしい製品	9.468	21.102	0.449	0.682
チラシやお店で目につくもの	0.337	0.677	0.498	0.757
値段の安いもの	1.664	1.210	1.376	2.090*
白さなどの見かけ	1.145	0.704	1.625	2.468*
いつも使用しているもの	-0.294	0.644	-0.456	-0.694

[a] 有限母集団を考慮して t 値を $\sqrt{(98-1)/(98-56)}=1.5197$ 倍している．
* $p<0.05$, ** $p<0.01$.

ター（集まり）から，「製品名・ブランド名」と「なるべく古紙を原料に使う」をそれぞれ高品質・ブランド志向とリサイクル・環境志向を代表する回答項目として従属変数に採用し，消費者の購入基準の推定の項目を説明変数として回帰させ，ステップワイズ法で変数選択を行なった．

表 6.1 は「製品名・ブランド名」の回帰式に選択された説明変数を示す．有意性検討のための t 値の計算においては，母集団が有限母集団であることを考慮に入れて，値を $\sqrt{(98-1)/(98-56)}=1.5197$ 倍する修正をほどこした（コラム 7 参照）．有意な修正 t 値を示した項目を解釈すると，トイレットペーパーの生産においてブランド名を重視する高品質志向の生産者は，消費者が有名なブランドやいつも使用しているトイレットペーパーを使用すると推測する傾向があった．

コラム 7: 有限母集団修正

　母集団からの標本抽出を繰り返した場合の標本の平均値の分布は標本抽出分布と呼ばれる．この際理論的平均値は母集団の平均値と同じになり，また理論的標準偏差（標準誤差と呼ばれる）は母集団の標準偏差を標本のサイズの平方根で割ったものになることが知られている．

　しかし，この関係が成立するためには，母集団のサイズが無限であることが前提とされている．もしも，母集団が有限である場合には，次のような修正項をつけて算出する必要がある．

$$\sqrt{\frac{N-n}{N-1}}$$
（ただし，$N=$母集団のサイズ，$n=$標本のサイズ）

　実際には標本のサイズに比べて充分に大きい場合は，修正項を加えなくとも，標準誤差値は与えた場合の値と近似するため，修正項を使用せずに計算することが慣行されているが，標本の大きさが母集団の大きさの5%程度を越える場合には，修正項を適用する必要がある．

　一方，表6.2は「なるべく古紙を原料に使用する」の回帰式に選択された説明変数を示している．t値の計算においては，上と同様の補正をしている．有意な修正t値を示した項目は「値段の安いもの」と「白さなどの見かけ」である．つまり，古紙を原料としたリサイクル志向の生産者は，価格こそが消費者の購入行動の基準であるとみなしていることになる．また，「白さなどの見かけ」が正に有意であることは，再生紙製のトイレットペーパーを生産している生産者が，製品の外見，特に白色度が，購入行動に与える影響に敏感になっている様子をうかがわせる．

6.3.7　再生紙製品を生産する利点と欠点の分析

　次に生産者が，トイレットペーパーの原料として牛乳パック，オフィス古紙，新聞古紙，雑誌古紙などの素材の利点，問題点をどのように判断しているかについての項目について分析することとする．生産者に現在トイレットペーパーとして使用されている異なる種類の古紙（オフィス古紙，新聞古紙，雑誌古紙，牛乳パック）を用いて再生紙製トイレットペーパーを生産する利点と欠点について尋ねた．

　利点として用意された項目は，「原料の供給が安定している」，「価格が安

6.3 調査の結果と考察

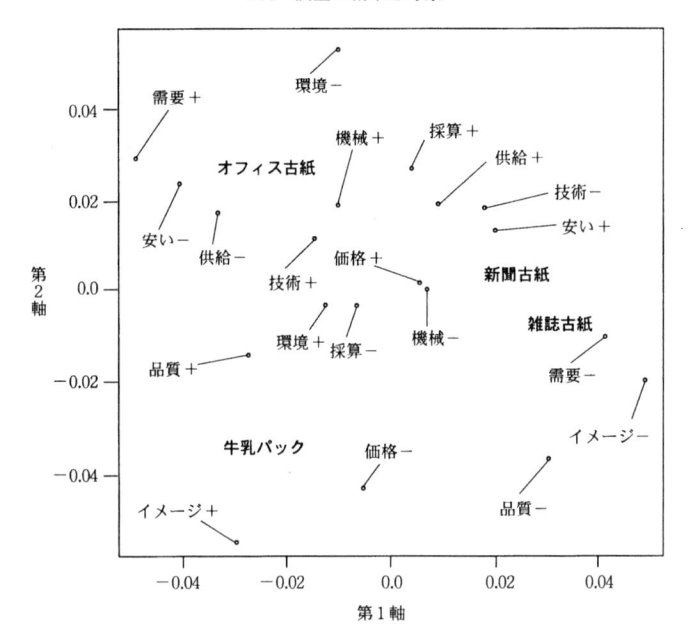

図 6.7 古紙を原料にすることの利点と欠点：数量化III類
図の＋は肯定，－は否定を表す．

い」，「価格が安定している」，「製造は技術的に容易である」，「環境保護に役立つ」，「大きな需要が見込める」，「企業のイメージをよくする」，「採算的に有利である」，「品質が安定している」，「機械や設備をいためない」であった．欠点の項目は，「原料の供給が不安定である」，「価格が高い」，「価格が不安定である」，「製造は技術的に困難である」，「環境破壊につながる」，「需要が見込めない」，「企業のイメージを悪くする」，「採算的に不利である」，「品質が安定していない」，「機械や設備をいためる」であった．また「特にない」も回答項目に含めた．古紙の種類を行にとり，利点と問題点を列にとったデータ行列をもとに数量化III類の分析を行なった．数値は古紙の種類ごとに選択された利点と欠点項目のパーセンテージである．また「特にない」の回答は分析から除外した．

図 6.7 は数量化III類によって得られた布置である．布置に見られるように，4種類の古紙が正3角形を形成しており，「**新聞古紙**」と「**雑誌古紙**」が1つの頂点にあり，「**オフィス古紙**」と「**牛乳パック**」がそれぞれ別の頂点を形成して

いる．この布置から，この4種類の古紙は利点と欠点のパターンから3種類に分類ができることがわかる．上述したように（コラム5参照），数量化III類から得られた布置における距離の近さは，お互いの関係の強さを示している．したがって，この布置が示していることは以下のようになる．

① 新聞古紙と雑誌古紙は安価で価格も安定しているが，品質が安定しておらず，製造が技術的に困難で，機械や設備をいため，商品の需要が見込めず，企業のイメージを悪くすると見られている．

② オフィス古紙は高価で供給が不安定だが，製造は技術的に容易であり，機械や設備をいためず，大きな需要が見込めると見られている

③ 牛乳パックは企業のイメージをよくし，品質が安定しているが，価格が安定していないと見られている．

このように，この4種類の古紙をトイレットペーパーの原料にするには，それぞれ利点と欠点があり，理想の原料があるわけではないことが明らかにされた．

6.4 結 論

本章では，①消費者のトイレットペーパー購入基準を生産者はどのように推測・判断しているのか，②生産者は販売店をどう見ているのか，③生産者はどのような開発戦略をとっているのか，製品開発において何を重視しているのか，④再生紙を生産する際にどのような利点と欠点を感じているのかについて分析し，検討してきた．

そうした結果を総合的に見てわかったことはまず，いくつかの点において生産者である製紙会社が消費者の選択基準を見誤っているということである．生産者はブランド名や製品のきれいな外見を消費者が重視していると考えていたが，消費者はそれほど注意を払っていなかった．また，生産者は目につくもののように宣伝の効果を重視していたが，消費者は少なくとも意識的にはそのような宣伝にあまり影響を受けていないと考えていた．一方で，消費者は品質に関しては，紙が何重になっているかどうかを購入の際の重要な基準と考えていたが，生産者はそれに対する認識が浅いようである．しかし，より重要なことは，消費者が地球環境にやさしい製品かどうかを重要な基準としているのに，生産者はその点を過小評価していることである．

6.4 結論

　これらの結果からうかがえる，生産者にとっての典型的な消費者像は，「宣伝のいき届いた有名ブランドの見かけのきれいな製品を好む」ということになり，「地球環境に配慮した製品を好む」という，新しい消費者層の出現に対してはまだそれほど認識していないのかもしれない．これは，なるべく古紙を原料にするという経営戦略を用いている製紙会社が，消費者の購入基準を価格の安いものと判断していることにも反映されている．現時点において，再生紙製のトイレットペーパーを生産する主な理由は，価格の安い製品を製造するためであり，地球環境への配慮を売り物にするというのは大きな理由ではないのである．また消費者像のずれに対するもう1つの解釈は，この調査における生産者のほとんどが再生紙製品を製造しているため，逆に，再生紙製品を購入する消費者像と離れた消費者に対して敏感であり，その結果がこのような典型的な消費者像として示されることになったのかもしれない．いずれにせよ，生産者の抱く消費者像は実際の消費者と食い違っており，生産者が消費者の変化に追いついていない様子がわかった．また販売店に対する評価からは，生産者が，販売店が環境に配慮した商品を積極的に扱いたがらないと考えていることがわかった．つまり，小売店もまた新しい消費者層の出現をまだ重要視していない様子がわかる．

　一方，第5章で見たように，リサイクルされた再生紙の製品を購入する消費者にとって価格の安さは，環境にやさしいという理由とともに，大きな購入理由であることも事実であり，古紙を用いて安い製品を製造するということは正しい戦略である．しかしながら，生産者は小売店がトイレットペーパーを安売りの目玉にしてしまうことが多いと考えている．特に大手製紙会社の製品がこの安売り対象になることが多いために，再生紙製品の価格の優位さが失われている[4]．このことが再生紙製品の売上げに大きな不利益をもたらしている．また，小売店のトイレットペーパーの安売り競争がトイレットペーパーの相場全体を引き下げてしまい，生産者全体において利益の確保を難しくしている[5]ことも，別のもう1つの問題である．

[4] 著者らによる市場の観察と複数の関係者へのインタビューによる．
[5] 1998年後半から1999年にかけて，大手トイレットペーパー生産者は，価格回復のための生産調整を行なった．

いずれにせよ消費者のトイレットペーパーの選択・購入行動は，消費者の意識や基準だけではなく，どのような製品が市場に存在しているか，またどのような価格や手段で販売されているかによって決定される．そして生産者は小売店，消費者の意識と行動を推測しながら，販売量や利益を増加しようとしている．しかし，その推測した消費者像が，現在の消費者の実像とずれている点が，紙リサイクル社会の問題の1つであることを本章は示してきた．再生紙製品を生産し，販売する生産者と小売店がとりうる戦略は，価格の競争だけではない．多くの消費者は環境にやさしいという製品を購入したいと考えているのである．

7

静脈をになう主体
―――回収業者・卸業者調査

7.1 古紙回収の危機，そして変化

これまでの章，特に第3章の業界紙の分析で述べてきたように，われわれが研究を開始した1997年においての紙リサイクル社会における一番大きな問題は，古紙問屋における古紙の過剰在庫と，それにともなう古紙価格の低迷であった．大きなストックヤードをもたない日本の古紙問屋にとっては，この時期の在庫量はすでに限界であった．また，新しい在庫倉庫を借りることに対しても，もはや余剰倉庫は少なく，また費用的な限界にもきていた．そのため，古紙問屋における古紙回収業者からの購入は停滞し，古紙の価格は下落した．そして古紙回収業者は回収した古紙に値段がつかないことから，古紙回収業者に対する影響も大きくなっていた．また回収がなされた場合には無償，または逆有償[*1]という現象が起こった．このような状況は，多くの古紙回収業者を廃業に追い込み，営業を続ける古紙回収業者，古紙問屋に対しては非常に大きな危機感を抱かせた．その結果，古紙問屋は古紙輸出などの過剰在庫整理の方法を模索するなど，経営の形態を劇的に変化させた．その後，これまで紹介してきたように国内外の経済状況の変化や，生産形態の変化，そして消費者の志向の変化にともなう市場の変化によって，この危機的状況からは脱してはいるが，日本の回収システムが近年劇的に変化せざるをえなかったことは間違いない．

[*1] 一般的には古紙は有価資源であり，回収に際しては回収業者が排出者に相応の支払をするが，逆有償とは古紙に価値がなくなったときに排出者が回収業者に料金を支払って回収してもらうことである．

第5章では紙リサイクルシステムの動脈と静脈を結ぶ主体である消費者の調査を，第6章では動脈をになう主体である生産者の調査を紹介してきた．しかし，紙リサイクル社会全体を見通すためには，静脈部分に関しての調査も不可欠である．本章では，特にこのような劇的変化を経験した時期の古紙回収業者に対して行なった調査について報告することとする．この調査は東京都内の古紙回収・古紙卸業者を対象にして，①古紙リサイクルに対する見解，②古紙回収制度と消費者・自治体・企業の関係について，③ゴミ処理とリサイクルに関する意識，④会社・商店の規模および形態について，⑤経営状況，⑥活動状況についての項目から構成されていた．しかし，④以降は本書とは別目的の研究のための調査項目であるため，ここでは主として①から③の意識調査項目の結果を取り上げ，補足的に④以降の情報を使用することにする．

7.2 調査対象者と調査法

調査対象は東京製紙原料協同組合（東製協）と東京都資源回収事業協同組合（東資協）の全組合員で，平成11年の6月から8月にかけて一斉に質問紙を郵送し，回答を求めた．1回目の郵送で回答のないものには，2回目の郵送を行ない．さらに回答のないものには電話での催促を行なった．また，回答に記入漏れがある業者に対しても電話でその項目に対する回答を求めた．両組合に重複して登録されている業者や，本社と支店がともに登録されている業者を除外した実質的な対象数は514社であり，このうち，転廃業などですでに古紙関係業務を行なっていない業者は明らかになっただけで60社存在した．2回の郵送と電話による催促により，最終的には130社（25.3％）から回答を得た．表

表 7.1 標本の説明

従業員数による分類(人)	n	年平均売上げ(万円)	業務形態による分類	n	年平均売上げ(万円)
1〜2	18	794.4	一般（家庭）系回収	21	4203.1
3〜4	21	1426.6	事業系回収	26	4397.1
5〜9	31	5459.3	全般系（再生資源・廃棄物系）回収	23	8330.3
10〜19	27	13587.0			
20〜29	7	36183.2	卸売系	34	60305.3
30〜49	3	78574.6	不明・主に古紙以外を主力としたその他の業者	26	3260.0
50〜99	6	169396.9			
100以上	2	336526.1			
不明	15				

7.1に従業員数と業務形態で分類した標本の数と年間平均売上げを示す.

7.3 結　　果

意識調査は「古紙リサイクルシステムに対する見解」,「古紙回収制度と消費者,自治体,企業の関係」,「ゴミ処理とリサイクルに関する意識」に関する調査の3つの部分から構成されている.このうち,「ゴミ処理とリサイクルに関する意識」に関する調査の項目については,消費者と生産者にも同一の項目の調査を行なっている.したがって,回収業者と合わせて3者の回答の比較をしながら分析を進めていくことにする.また,多くの項目において,自治体の回収制度や業務への関与,集団回収に関する設問や選択肢が含まれている.そして,それらの項目に対する回答には,回収業者が自治体とどのような関係をもっているかが影響することが予想できる.したがって,経営状況についての設問の中の,「自治体からの業務委託を受けているか」を尋ねた項目に対する回答で回収業者を分類した分析も行なうこととする.自治体の委託を受けている業者は59社,受けていない業者は56社とほぼ半分ずつであった.また,この項目に対して無回答だった15社はこの分析からは除いた.

7.3.1　古紙リサイクルシステムに対する見解
▶古紙リサイクルシステムに必要なこと

まず古紙リサイクルシステムに全般に関する見解について7つの設問で尋ねた.問1は,「日本の古紙リサイクルシステムが,今後,より円滑に機能するためには,どのような対応が必要だとお考えですか」と尋ねた項目であり,必要と思われる回答項目をいくつでも選択してもらった.表7.2に回答項目と選択率を示す.また,自治体からの受託業務の有無で分けた選択率も示す.

最も選択率の高い回答項目は「古紙原料・製品の需要拡大」で,70％以上(71.5％)に選択されていた.次は,「古紙回収業界の基盤強化」の46.2％,「消費者への啓蒙活動」の40.0％だが,これらは過半数にも達しておらず,その他の項目の選択率はそれ以下である.つまり,回収業者は古紙原料・製品の需要拡大こそが今後最も重要な対策であると考えており,その必要性の認識においてその他の対応をかなり大きく引き離していると考えていることがうかがえる.また,自治体からの受託業務の有無による回答傾向の大きな違いは,この問には見られない.

▶古紙需要を増やすために必要なこと

問2は「将来的に見て古紙回収量は今後さらに増加することが予測されますが，それに対応するためにどのような需要拡大が重要であるとお考えですか」と尋ね，必要と思われる回答項目をいくつでも選択してもらった．表7.3に回答項目と選択率を示す．また，自治体からの受託業務の有無で分けた選択率も

表7.2 古紙リサイクルシステムに必要なこと

問1) 日本の古紙リサイクルシステムが，今後，より円滑に機能するためには，どのような対応が必要だとお考えですか．次の選択肢の中から当てはまるものを選んで番号に○をして下さい．（複数回答可）

	全体	自治体の委託	
		はい	いいえ
1．古紙原料・製品の需要拡大	71.5	79.7	69.9
2．バージン原料・製品の利用制限	30.0	28.8	32.1
3．古紙原料・紙製品の規格見直し	20.8	22.0	17.9
4．紙の製造・加工や利用形態の見直し	23.1	25.4	25.0
5．消費者への啓蒙活動	40.0	44.1	39.3
6．自治体の清掃事業制度の見直し	33.8	33.9	39.3
7．古紙回収業界の基盤強化	46.2	49.2	42.9
8．企業・消費者・自治体の連携強化	30.8	33.9	32.1
9．その他	6.2	5.1	8.9

(%)

表7.3 古紙需要を増やすのに必要なこと

問2) 将来的に見て古紙回収量は今後さらに増大することが予想されますが，それに対応するためにどのような需要拡大が重要であるとお考えですか．次の選択肢の中から当てはまるものを選んで番号に○をして下さい．（複数回答可）

	全体	自治体の委託	
		はい	いいえ
1．再生製品の需要拡大	64.6	71.2	64.3
2．新規古紙リサイクル技術開発による需要拡大	50.8	52.5	51.8
3．紙製品のさらなる古紙利用率の増大	60.8	71.2	58.9
4．紙以外の再生用途の需要拡大	54.6	61.0	53.6
5．サーマルリサイクル促進による需要拡大	23.1	20.3	30.4
6．国外市場の開拓	24.6	22.0	33.9
7．行政の政策介入による需要拡大	27.7	22.0	30.4
8．特に必要ない	0.8	0.0	1.8
9．その他	1.5	1.7	1.8

(%)

示す．

　最も選択率の高い項目は「再生製品の需要拡大」の 64.6% で，以下，「紙製品のさらなる古紙利用率の増大」，「紙以外の再生用途の需要拡大」，「新規古紙リサイクル技術開発による需要拡大」までが過半数を超える選択率を示している．一方で，「サーマルリサイクル*2 促進による需要拡大」，「国外市場の開拓」，「行政の政策介入による需要拡大」は 30% 以下の選択率であった．また，「特に必要ない」と考えている業者や，「その他の対応が必要」と考えている業者はほぼ皆無だった．つまり，回収業者は，技術革新などで原料における古紙使用率の高い再生紙やその他の製品を製造し，その需要を増やすことで古紙の需要を拡大するという，業界内で従来からいわれている対策が必要だと主に考えているようである．しかし，行政の介入といった第三者による干渉やサーマルリサイクル，国外市場への参入といった比較的新しい方策についてはあまり望んでいない様子であった．また，自治体からの受託業務の有無による回答傾向では，「紙製品のさらなる古紙利用率の増大」に関して，業務委託を受けている業者は受けていない業者よりも 10 ポイント程度選択率が高い．一方で，「国際市場の開拓」と，「行政の政策介入による需要拡大」に関しては，逆に業務委託を受けていない業者が受けている業者よりも 10 ポイント程度選択率が高い．つまり，自治体からの業務委託を受けている回収業者は業界内部での解決を望んでおり，受けていない業者は新しい方策を望んでいる傾向が強いことが示唆された．

*2 　回収した廃棄物を焼却する際に発生する熱をエネルギーとして利用する．つまり，廃棄物を燃料としてリサイクルする方法である．

▶望ましい古紙輸出

　これまでの章で述べてきたように，この調査の時期は古紙の過剰在庫の問題が深刻化しており，採算を度外視した古紙の緊急輸出が開始されていた．問 3 は，そのような古紙の輸出に対する意見を尋ねる項目で，自分の意見に近い項目を 1 つ選んでもらった．表 7.4 に回答項目と選択率，および自治体からの受託業務の有無で分けた選択率を示す．

　回答業者の過半数（54.6%）が「需給バランスを調整し国内価格を適正に維持するために行なう」という選択肢を選択していた．残りの，「商売として行なう」，「過剰供給の古紙の処分のために行なう」，「古紙は国内で処理し，輸出

表 7.4 望ましい古紙輸出

問3) 古紙輸出を行なう目的として，あなたの意見に最も近いものを1つだけ選んで番号に○をして下さい．

	全体	自治体の委託	
		はい	いいえ
1. 商売として行なう．	14.6	13.6	17.9
2. 過剰供給の古紙の処分のために行なう．	17.7	18.6	16.1
3. 需給バランスを調整し国内価格を適正に維持するために行なう．	54.6	55.9	55.4
4. 古紙は国内で処理し，輸出は行なうべきではない．	10.0	6.8	12.5

(%)

は行なうべきではない」という回答項目の選択率はいずれも20%以下であった．したがって，大多数の回答業者は，輸出は肯定するが，それは国内のシステムを維持するために必要な措置であると認識していることがうかがえる．また，自治体からの受託業務の有無による回答傾向の大きな違いは，この問には見られない．

▶今後の経営方針

問4では「貴社の経営のために特に必要だと考えていることは何ですか」と尋ね，今後の経営の方針にあてはまるものをすべて選択してもらった．表7.5に回答項目と選択率，および自治体からの受託業務の有無で分けた選択率を示す．

最も選択率の高かった回答項目は過半数（55.4%）に選択された「利益率の向上」で，「経費削減」，「作業効率向上」，「新規取引先の開拓」も，30%以上に選択された．このように既存の組織形態を維持したままでの経営，営業上の努力を経営方針とする業者が多く，「リストラ」，「企業の吸収合併」，「系列化の推進」といった，企業形態そのものの改革を方針とする業者は10%以下と少数であった．

また，自治体からの受託業務の有無による回答傾向では，「新規業務への参入」，「社会制度・補助金制度」に関して，業務委託を受けている業者は受けていない業者よりも10ポイント程度選択率が高い．おそらく，新規事業として自治体からの受託業務を始め，またそれを可能にしている制度に対する評価が高いと解釈できると思われる．

一方で，「経費削減」と，「作業効率向上」に関しては，業務委託を受けてい

表 7.5 今後の経営方針

問 4) 今後の貴社の経営のために特に必要だと考えていることは何ですか．次の選択肢の中から当てはまるものを選んで番号に○をして下さい．（複数回答可）

	全体	自治体の委託	
		はい	いいえ
1. 経費削減	39.2	32.2	51.8
2. 作業効率向上	35.4	33.9	42.9
3. リストラ	4.6	3.4	7.1
4. 企業の吸収合併	6.9	5.1	8.9
5. 系列化の推進	6.2	6.8	7.1
6. 中間業者を省いた直接取引	10.0	6.8	16.1
7. 利益率の向上	55.4	52.5	60.7
8. 新規取引先の開拓	39.2	42.4	41.1
9. 取り扱い品目の拡大	8.5	13.6	5.4
10. 新規事業への参入	23.1	33.9	16.1
11. 企業イメージの改善	12.3	11.9	16.1
12. 社会制度・補助金制度の変革	28.5	35.6	25.0
13. その他	1.5	0.0	3.6

(%)

ない業者が受けている業者よりも 10 ポイント程度選択率が高い．つまり，自治体からの業務委託を受けていない回収業者は，受けている業者よりも，既存の営業形態を維持したまま経営努力をしていこうとする傾向が見られた．

7.3.2 古紙回収制度と消費者，自治体，企業の関係

ここでは，回収業者がリサイクルシステムの中でも特に回収制度についてどのような意見をもっているかを尋ねた．特に近年回収業者に大きな影響を与えていると思われる，行政による回収と集団回収に対する意見および影響は別の設問で尋ねた．

▶回収制度に対する意見

問 5 では 4 種類の回収制度についての意見を尋ねた．それぞれの回収方法に対して，好ましいかどうかを回答してもらった．表 7.6 に 4 つの回収制度と好ましいと判断された率，および回収業者を自治体からの受託業務の有無で分けた好ましさの率を示す．

「古紙・製紙関連業者が中心となった古紙回収（従来からの回収制度）」に対しては，約 80% の回収業者が好ましいと判断しており，受託業務の有無による反応傾向に違いはない．「PTA，市民団体など一般消費者中心の古紙回収

(集団回収など)」に対しては,全体では45.4%が好ましいと判断している.しかし,回収業者を自治体からの受託業務の有無で分けると,回答傾向が劇的に違っている.自治体の業務委託を請け負っている回収業者では約70%が好

表7.6 回収制度に対する意見

問5) 次の4つの古紙回収方法について,好ましいと思われるものに「○」,逆に好ましくないと思うものに「×」,またどちらとも言えない場合は「△」を付けて下さい.
（各項目の先頭にある( )内に○・×・△のいずれかを記入,4項目すべてに回答）

	全体			自治体の委託					
				はい			いいえ		
	「○」	「△」	「×」	「○」	「△」	「×」	「○」	「△」	「×」
1. 古紙・製紙関連業者が中心となった古紙回収（従来からの古紙回収）	78.5	10.8	4.6	78.0	15.3	5.1	80.4	8.9	3.6
2. PTA,市民団体など一般消費者中心の古紙回収（集団回収など）	45.4	30.8	16.2	69.5	16.9	8.5	28.6	48.2	17.9
3. 資源回収制度など自治体が中心となった古紙回収（行政回収）	20.8	26.9	45.4	28.8	27.1	40.7	10.7	30.4	50.0
4. スーパーや新聞販売店などが中心の古紙回収（販売業者等による古紙回収）	20.0	30.8	39.2	18.6	25.4	50.8	21.4	39.3	30.4

(%)

図7.1 日本の回収業者

ましいとしているのに対して，請け負っていない業者では30%以下しか好ましいと思っていない．「資源回収制度など自治体が中心となった古紙回収（行政回収）」に対しては，全体で約20%しか好ましいと判断していない．また，回収業者を自治体からの受託業務の有無で分けた場合には，業務委託を受けていない業者の約10%に対して，受けている回収業は約30%と20ポイントほど好ましいと判断する率が高くなっている．「スーパーや新聞販売店などが中心の古紙回収（販売業者等による古紙回収）」に対しては，全体の約20%のみが望ましいと判断しており，回収業者を自治体からの受託業務の有無で分けた場合でも大きな差はない．

これらの結果からわかることは，多くの業者が従来の古紙回収制度を最も望ましいと判断しているが，新しい回収制度に対する望ましさの判断には，自治体からの受託業務の有無が回収業者の回答傾向に大きな影響を与えているということである．特に集団回収に対しては，自治体からの業務委託を受けている業者の約70%が好ましいと判断しているが，受けていない業者では30%以下が望ましいと判断しているにすぎない．これは，自治体からの受託業務というものが，主に集団回収された古紙の引き取りであるということを反映しているのだろう．最も望ましい回収の制度が従来の方式だとしても，現実に始まっている新しい制度に対して，その制度に参加している業者は一定の容認を示しているが，参加していない業者は反発をしていることが示唆される．

▶**古紙回収と行政（自治体）の関係**

問6は行政の古紙回収制度への関与に対する意見を聞いている．すべての記

表7.7 古紙回収と行政（自治体）の関係

問6) 古紙回収と行政（自治体）の関係についてお答え下さい．各設問の内容が正しいと思うときは「はい」を，間違っていると思うときは「いいえ」を，それぞれ○で囲んで下さい．
（4項目すべてに回答，「はい」か「いいえ」のどちらか片方を選択）

| | 全体 | | 自治体の委託 | | | |
| | | | はい | | いいえ | |
	はい	いいえ	はい	いいえ	はい	いいえ
1. 行政回収は，古紙を効率的に回収できる．	37.7	57.7	40.7	57.6	28.6	64.3
2. 行政回収は，古紙の供給過剰を生む．	79.2	15.4	81.4	15.3	82.1	10.7
3. 行政からの回収業者への補助金は必要である．	70.0	25.4	83.1	15.3	55.4	37.5
4. 行政は古紙回収に関与すべきではない．	57.7	36.2	44.1	50.8	75.0	19.6

(%)

述について正しい記述かどうかを判断してもらった．表7.7に4つの記述とそれに対して正しいと判断した率，および回収業者を自治体からの受託業務の有無で分けた場合の判断の率を示す．

「行政回収は，古紙を効率的に回収できる」に対しては，全体の37.7%が正しいと判断している．回収業者を自治体からの受託業務の有無で分けた場合には，業務委託を受けていない業者で約10ポイントほど賛成の率が減少する．「行政回収は，古紙の供給過剰を生む」に対しては，全体の約80%が正しいとしており，自治体からの受託業務の有無で分けた場合でも傾向に差はなく，大多数の業者の共通した認識になっている．「行政から回収業者への補助金は必要である」に対して，全体では70.0%が正しいという判断を示している．しかし，この設問に関しては自治体からの受託業務の有無で大きな回答傾向の差が見られる．自治体からの業務委託を受けている業者では80%以上が正しいと判断しているが，受けていない業者では55.4%の業者が正しいとするにとどまっている．「行政は古紙回収に関与すべきではない」に関しても，同様の回答傾向の差が見られる．全体で57.7%がこの項目を正しいとしているが，自治体の業務委託を受けていない業者に限ると75.0%が正しいとしており，受けている業者の44.1%とは大きな差がある．

これらの結果が示すのは，行政回収が古紙の過剰供給を生むという点では大多数の業者の認識が一致しているが，行政が古紙回収に関与し，そして補助金を出すべきかどうかという点では，自治体からの業務委託の有無で認識が変化するということである．つまり当然のことながら，業務委託を受けている業者は，受けていない業者よりも，行政の古紙回収への介入を容認しているという結果になっている．また，業務委託を受けている業者は，受けていない業者よりも，多少であるが行政回収を効率のよいシステムであると見ていることも示されている．

▶**古紙回収と集団回収の関係**

問7は住民による集団回収に対する意見を聞いている．すべての質問項目について正しい記述かどうかを判断してもらった．表7.8に5つの質問項目とそれに対して正しいと判断した率，および回収業者を自治体からの受託業務の有無で分けた率を示す．

「集団回収は，古紙を効率的に回収できる」に対しては，全体の76.9%が正

表 7.8 古紙回収と集団回収の関係

問7) 消費者（住民）による古紙の集団回収についてお答え下さい．各設問の内容が正しいと思うときは「はい」を，間違っていると思うときは「いいえ」を，それぞれ○で囲んで下さい．
（5項目すべてに回答，「はい」か「いいえ」のどちらか片方を選択）

	全体		自治体の委託			
			はい		いいえ	
	はい	いいえ	はい	いいえ	はい	いいえ
1. 集団回収は，古紙を効率的に回収できる．	76.9	17.7	91.5	6.8	64.3	30.4
2. 集団回収は，古紙の供給過剰を生む．	46.9	46.9	27.1	69.5	67.9	26.8
3. 行政からの集団回収への補助金は必要である．	56.9	36.9	76.3	20.3	41.1	53.6
4. 集団回収の請負い等に行政が関与すべきではない．	66.2	27.7	52.5	42.4	85.7	10.7
5. 住民による集団回収は行うべきではない．	28.5	66.2	18.6	78.0	41.1	55.4

(%)

しいと判断している．しかし，自治体からの受託業務の有無で反応に大きな差が見られる．業務委託を受けている業者では90%以上と大多数が正しいとしているのに対して，受けていない業者では64.3%と3分の2程度が正しいと判断するにとどまっている．「集団回収は，古紙の過剰供給を生む」に対しては，全体では約半数弱が正しいと判断している．また，この項目に対しても自治体からの受託業務の有無で反応に大きな差が見られ，受託業務を受けている業者では30%以下しか正しいと判断していないが，受けていない業者では67.9%と3分の2以上が正しいと判断している．「行政からの集団回収への補助金は必要である」に対しては，項目1. と同じような回答傾向が見られた．全体では56.9%が正しいと判断しているが，業務委託を受けている業者では76.3%が正しいとしているのに対して，受けていない業者では41.1%と30ポイント以上の差が見られる．「集団回収の請負い等に行政が関与すべきではない」に対しては，項目2. と同様の回答傾向が見られた．全体では約3分の2が正しいと判断したが，業務委託を受けている業者では約半数しか正しいと判断しておらず，受けていない業者では85.7%と大多数が正しいと判断している．「住民による集団回収は行なうべきではない」に対しても，自治体からの受託業務の有無で反応に差が見られた．全体では約30%が正しいと判断しているが，自治体からの業務委託を受けている業者では20%以下が正しいと判断するにとどまり，受けていない業者では40%以上が正しいとしていた．

集団回収に対する意見に関しては，自治体からの受託業務の有無で反応に大

きな差が見られた．受託業務を受けている業者は明らかに，受けていない業者よりも，集団回収が効率的で，古紙の過剰供給を生み出さず，うまく機能していると判断している．また，集団回収に対して行政が介入することに関しても容認する割合が非常に高い．そして，結果として業務委託を受けている業者は，受けていない業者よりも，集団回収を行なうべきであると判断している．

この結果は回収業者の自治体からの受託業務の内容を反映していると思われる．現在，受託業務の主な内容は集団回収された古紙を引き受けることであるために，業務委託を受けている回収業者は，集団回収を肯定的に判断する傾向がある．一方で，業務委託を受けていない業者は集団回収を競合する回収のシステムとみなしており，集団回収の普及で回収量が減ったと認識しているため，集団回収に対して否定的な判断をしていると思われる．

7.3.3 ゴミ処理とリサイクルに関する回収業者，消費者，生産者の意識の比較

ゴミ処理および古紙回収に関する費用負担の方法と，望ましいリサイクルの方法に対する回収業者の意見を消費者の意見と比較していくこととする．消費者と生産者の意見は第5章で紹介した消費者調査および第6章で紹介した生産者調査と同時に行なったものであるが，ここでまとめて検討するために第5章と第6章ではあえて示さなかったものである．

▶ゴミ処理と古紙回収費用負担

問8はゴミ処理と古紙回収費用の責任を誰がとるべきかを尋ねた項目である．ここでは賛成する項目ではなく，自分が「反対」する意見を示す回答項目をすべて選択してもらった．表7.9に回答項目と回収業者，消費者，生産者の反対する率，および回収業者を自治体からの受託業務の有無で分けた反対率を示す．

ゴミ回収費用と古紙回収費用ともに最も反対が多い方法は，住民の税金増加によってまかなう方法（項目1, 2）であった．これは，回収業者，消費者，生産者のすべてにおいて最も反対の多い方法であった．ゴミ回収費用と古紙回収費用を排出者が従量制で払うという方法（項目3, 4）に対しては，約30%の消費者が反対していたが，回収業者による反対は20%程度とやや低く，生産者による反対は約15%とさらに低い．反対にゴミ回収費用と古紙回収費用を価格に上乗せするという方法（項目5, 6）に対しては，生産者の反対が30

7.3 結果

表 7.9 ゴミ処理と古紙回収費用負担：回収業者・消費者・生産者比較

問8) 今後のゴミ処理（一般ゴミ）と古紙回収費用についてご意見を伺います．次の選択肢の中から，あなたが反対するものを選んで番号に○をして下さい．（反対の意見に○，当てはまるものすべてに○）

	回収業者			消費者(日)	メーカー
	全体	自治体の委託			
		はい	いいえ		
1. ゴミ処理にかかる費用は住民の税金の増加でまかなう．	43.8	47.5	46.4	55.6	42.6
2. 古紙回収にかかる費用は住民の税金の増加でまかなう．	46.9	50.8	46.4	49.9	46.3
3. ゴミ処理にかかる費用は，ゴミを出す者がその量に応じて支払う．	21.5	20.3	25.0	30.3	16.7
4. 古紙回収にかかる費用は，古紙を出す者がその量に応じて支払う．	21.5	27.1	16.1	27.1	14.8
5. ゴミ処理にかかる費用は，企業があらかじめ価格に上乗せすることにより負担する．	19.2	25.4	12.5	25.1	31.5
6. 古紙回収にかかる費用は，企業があらかじめ価格に上乗せすることにより負担する．	26.2	27.1	25.0	24.1	35.2
7. ゴミ処理にかかる費用は，民間と行政が折半する．	26.9	27.1	32.1	21.7	27.8
8. 古紙回収にかかる費用は，民間と行政が折半する．	30.8	32.2	32.1	18.7	35.2

(%)

％以上と一番高かった．また，ゴミ回収費用と古紙回収費用を民間と行政が折半するという方法（項目7，8）に対しては，消費者の反対が回収業者と生産者よりも少ない傾向が見られる．

また，自治体からの受託業務の有無による回収業者の回答傾向の違いが，古紙回収に対する受益者負担とゴミ処理に対する価格への転嫁について見られる．それぞれの方法に対して，受託業務を行なっている業者は，行なっていない業者よりも10ポイント程度高い反対率を示しているが，その原因に関してはここではわからない．

まとめると，税金でゴミ回収費用と古紙回収費用に対処するという方法は全体的に反対が多いが，特に消費者からの反対が強いことがわかった．また，回収の受益者負担は消費者の反対が相対的に強く，価格への転嫁は生産者の反対が相対的に強いように，各主体ともに，自ら責任を取る方法に対しては反発し，回避する傾向があることがうかがえる．

▶紙リサイクルに重要なこと

問9はリサイクルのために重要だと思っていることを尋ねる項目である。回答者は同意できる回答項目をすべて選択するように求められた。

表7.10に回答項目と回収業者，消費者，生産者の選択率，および回収業者を自治体からの委託業務の有無で分けた選択率を示す。「リサイクルをする方法をもっとわかりやすく，便利にする」に対しては，半数の消費者が重要とみなしていたが，この方法を重要だとみなしていた回収業者はそれよりも10ポイント以上少なく，さらに生産者では20％以下が重要だとみなしていたにすぎなかった。「再生製品をもっと購入する」に対しては逆に，70％以上の回収業者と80％以上の生産者が重要だと考えていたのに対して，半数以上の消費者は重要だとは考えていなかった。

「企業はもっとたくさんの再生製品を製造する」に対しては，回収業者のほぼ半分が重要だと考えているが，消費者はそれよりも10ポイント以上少なく，生産者では20％しか重要だと考えるものがいなかった。反対に，「使用量そのものを減らしたり，長い間使う」に対しては，消費者とメーカーの約半数が重要だとみなしていたのに対して，3分の1程度の回収業者しか重要と考えていなかった。

また，自治体からの受託業務の有無に関しては，「リサイクルをする方法をもっとわかりやすく，便利にする」に対して，受託業務を行なっている回収業

表7.10 紙リサイクルに重要なこと

問9) 現在のリサイクルについてなにが大切かを伺います。次の選択肢の中から，特に重要なものをいくつでも選んで番号に○をして下さい。（当てはまるものすべてに○）

	回収業者			消費者(日)	メーカー
	全体	自治体の委託			
		はい	いいえ		
1. リサイクルをする方法をもっとわかりやすく，便利にする。	38.5	47.5	30.4	50.0	16.7
2. 消費者はリサイクルにものを出すだけでなく，再生製品をもっと購入する。	71.5	78.0	67.9	44.8	85.2
3. 企業はもっとたくさんの再生製品を製造する。	47.7	45.8	50.0	36.3	20.4
4. リサイクルするだけではなく，使用量そのものを減らしたり，長い間使う。	33.8	37.3	32.1	51.7	50.0

(%)

者は，行なっていない回収業者業者よりも15ポイント程度選択率が高かった．

以上の結果からいえることは，生産者と回収業者は消費者にもっと再生紙製品を使ってほしいと強く考えているのに対して，消費者はすべての方法をまんべんなくある程度重要だと考えているということである．つまり，生産者と回収業者は消費者の行動に対して変化を求めているのに対して，消費者は特定の方略が有効だという考えはなく，全体的に望ましい行為を行なっていくべきだと考えていることがうかがえる．

7.4 結　　論

本章では，古紙回収業者の，① 古紙リサイクルに対する見解，② 古紙回収制度と消費者・自治体・企業の関係に対する意見について，③ ゴミ処理とリサイクルに関する意識を分析し，検討してきた．また，古紙回収業者を自治体からの受託業務の有無で分類し，その意識に対する影響も検討した．特にゴミ処理とリサイクルに関する意識については，消費者の意識と生産者の意識の比較を試みた．

全体の結果からわかることは，回収業者は現在の紙リサイクルに必要なことは，技術革新などで原料における古紙の割合の高い紙製品や他製品を製造し，またその需要を拡大することだと考えており，古紙の輸出は国内システムの維持のために行なうべきだと考えていることである．また，行政の介入やサーマルリサイクルに対しては否定的に捉えているが，自治体の委託を受けている場合には，肯定する割合が増加する．また，今後の経営に必要だと考えていることは，現在の業務形態，組織を維持したままでの企業努力を行なうことであり，企業の組織や形態そのものの変革を望んでいない．この傾向は自治体からの業務委託を受けていない業者で特に顕著である．回収制度に対しては，従来の古紙回収制度が望ましいと考えている．しかし，新しい制度に対しては，自治体からの業務委託を受けている業者は，受けていない業者よりも明らかに容認している傾向がある．また，行政回収と集団回収に対しても同様の傾向があり，業務委託を受けている業者は，受けていない業者よりも明らかに容認している傾向がある．このように，回収業者は従来の制度を維持することを望んでおり，自らも企業の形態や経営方法を抜本的に改革するよりは，現体制のままで企業努力を行なっていきたいと考えていることがわかった．しかし，その中

でも，自治体からの受託業務のような新しい業務を始めている業者は，そうでない業者よりは，新しい制度や抜本的な企業改革を受け入れる傾向があった．

　ゴミと古紙の回収費用の負担では，回収業者，消費者，生産者ともに全般的には税金を使用することに対しては反対が強く，受益者負担や価格に転嫁することに対しては賛成していた．一方，受益者負担には消費者の反対が，価格に転嫁することには生産者の反対が相対的に高い．つまり，各主体ともに自ら責任を負うことを回避する傾向があった．また，回収業者と生産者は消費者にもっと再生紙製品を使用してもらいたいと考えているが，消費者はその方法が特別に重要なこととはみなさず，複数存在する望ましい行動の１つとして捉えている．

　つまり要約すると，現在の日本の回収業者の多くは，住民にもっと多くの再生紙製品を消費してもらうことで，従来の制度を継続することを望んでいるが，一部の業者には比較的積極的に新しい制度を容認し，また自らを改革し，変化しようとする動きもあるということである．

8

消費者の国際比較
—— ドイツ,スウェーデン,日本の消費者調査

8.1 国際比較研究

　第5章から第7章では日本における消費者,生産者,および回収業者の調査を紹介してきた.そこからは,消費者のリサイクル行動と再生紙購入行動の関係が弱いこと,生産者において環境に配慮した製品を好む新しい消費者の層の出現に対する認識と対応が進んでいないこと,そして,回収業者の多くは現在の体制の維持を望んでいるが,一部には改革や変化を容認する動きも現われていることなどが明らかになってきた.

　このように,これまでの3章では日本における紙リサイクルシステムの現状を示し,また問題点を明らかにすることを試みてきた.しかし,リサイクルシステムにおける問題の存在は,必ずしも我が国に固有の状況ではない.先進諸国では,それぞれの国情に合わせて独自のリサイクルシステムが構築されている.そして,各国ごとに異なる問題を抱えており,複数の国のリサイクルシステムを比較検討することによって,問題の共通性と特異性を明らかにすることが期待できる.そこで,1991年にいち早く包装廃棄物のリサイクルに関する法制を整備し,DSD社を中心にリサイクル社会へ向けた取り組みを進めているドイツと,森林産業を主幹産業とし,先進国における木材の主要輸出国であるスウェーデンの実態調査を行ない,リサイクルシステムの成立過程や今後の動向を把握するとともに,消費者の意識構造をも調査し,多角的に各国のシステムを明らかにすることを試みる.

8.2 ドイツとスウェーデンの消費者調査の方法

調査は大きく分けて，①ブラインドテスト，②消費と購入基準，③リサイクルと廃棄，④望ましいリサイクルの4部から構成されていた．日本における消費者調査は第5章ですでに紹介したものである．ドイツとスウェーデンでも日本における調査と同様に，専門的調査官が回答者宅を個別に訪問し，日本の調査と対応する各国語の質問紙に回答を求めた．質問紙の作成にあたっては，ネイティブスピーカーによるバックトランスレーション（コラム8参照）を行なって，言語間で質問項目の意味が同じになるように試みている．また，後述するが各国の事情に応じて回答項目の修正を数か所行なっている．実施に際しては，日本における調査と同様に，無作為に振り分けられた何も印がつけられていないトイレットペーパーを，ブラインドテスト用に回答者に手渡した．調査の詳しい方法，質問紙の内容については第5章で記述した日本の消費者の調査と同様である．

8.2.1 ドイツでの標本抽出手続きと対象者

ドイツにおける14歳以上の人々が調査された．6つの行政規模のクラスと17の州の層化による258地点から，14歳以上の人口に比例させた約1400の世帯が無作為に抽出された．開始点はそれぞれの抽出点の住民台帳または電話帳から無作為抽出された．そこから開始し，5つ間隔で，合計7つの世帯を訪問した．訪問を受けた世帯の中から，生年月日を基準に1人が選択された．この標本抽出過程により，全世帯は同じ標本として選択される確率をもつ．訪問を受けた1400人のうち，998人が回答に同意した．回答率は71.3%であった．

8.2.2 スウェーデンでの標本抽出手続きと対象者

スウェーデンにおける15歳以上75歳以下の人々が調査された．スウェーデン全土を自治体単位[*1]で286に分割した．それぞれの自治体単位を，さらに

コラム 8： バックトランスレーション

逆翻訳のこと．一度他言語に訳した文章を，別の翻訳者が再びもとの言語に翻訳して，もとの文章の意味と一致していることを確かめること．質問紙を翻訳する際にこの作業を行なわないと，もとの文章と訳文の意味が一致しているという信頼性が保証できない．

細かい行政区*2 に分割した．層化の方法は大都市とそれ以外の自治体で違っていた．人口密度と工業化の程度から 30 の都市が大都市のグループとされた．この層からは，年齢によって並べられた住民登録票から，人口比例で標本が系統抽出された．その他の自治体では，人口，産業ごとの職業*3，支持政党を変数に層化を行なった．その結果 37 のグループに分割され，それぞれのグループから 15 歳から 74 歳の住民数*4 に比例する確率で，1 つの自治体が選択された．選択された自治体の中における個人の選択の確率は，層の中からその自治体が選択される確率と自治体の中で選択される確率の積になるということになる．訪問を受けた者のうち，1025 人が回答に同意した．

[*1] "kommun" と呼ばれる行政単位．
[*2] "forassmling" と呼ばれる行政単位．スウェーデン全体で 2552 ある．
[*3] 1985 年の国勢調査に基づく農業，製造業，商業と輸送，公共部門の分類．
[*4] 1987 年 12 月 31 日現在の人口統計を使用．

8.2.3 ブラインドテスト用のトイレットペーパー

ドイツとスウェーデンの両国に対して，自国製の製品でパルプ（バージンパルプ）原料と再生紙原料のトイレットペーパーの 2 種類，他国製の製品でパルプ原料と再生紙原料のトイレットペーパーの 2 種類，それぞれ計 4 種類を用意した．ドイツの調査で使用した 4 種類のトイレットペーパーは日本の調査で使用したものと同様であり，詳しい製品の特徴は第 5 章にすでに示してある．スウェーデンにおけるブラインドテストでは，日本の調査で使用した日本製の 2 種類のトイレットペーパーに加えて，スウェーデン製のパルプ原料と再生紙原料のトイレットペーパーの 2 種類を用意した．

スウェーデン製の 2 種類のトイレットペーパーもまた着色がなされていない製品である．再生紙原料のトイレットペーパーは 100% 古紙を原料とし，パルプ原料のトイレットペーパーは 100% バージンパルプを原料として生産されている．

8.3 調査の結果と考察

8.3.1 再生紙製とパルプ製のトイレットペーパーブラインドテスト

ブラインドテストとして回答者は何の表示もないトイレットペーパーを評価した．それぞれの回答者は 4 種類のトイレットペーパーの 1 つをランダムに渡

され，そのトイレットペーパーのみを評価した．つまり，回答者は4種類のトイレットペーパーを相対評価したのではなく，その中の1つを絶対評価したことになる．4種類のトイレットペーパーは，その国の回答者にとって自国の再生紙製とパルプ製，他国の再生紙製とパルプ製で構成されている．日本とドイツにおける調査では日本製とドイツ製を用いたが，スウェーデンにおける調査では，日本とドイツの調査で使用された日本製とスウェーデン製が用いられた．

▶品質評価

まず，各国の回答者によるトイレットペーパーの品質評価を見てみる．図8.1に示されるように，日本人では，日本製でパルプ原料のトイレットペーパー（Japanese P）は最も高い評価を受けており，85.5％が「適当な品質である」か，それ以上の評価をしている．以下，高く評価された順は，ドイツ製でパルプ原料のトイレットペーパー（以下 German P）で74.9％，日本製で再生紙原料のトイレットペーパー（以下 Japanese R）で45.4％，ドイツ製で再

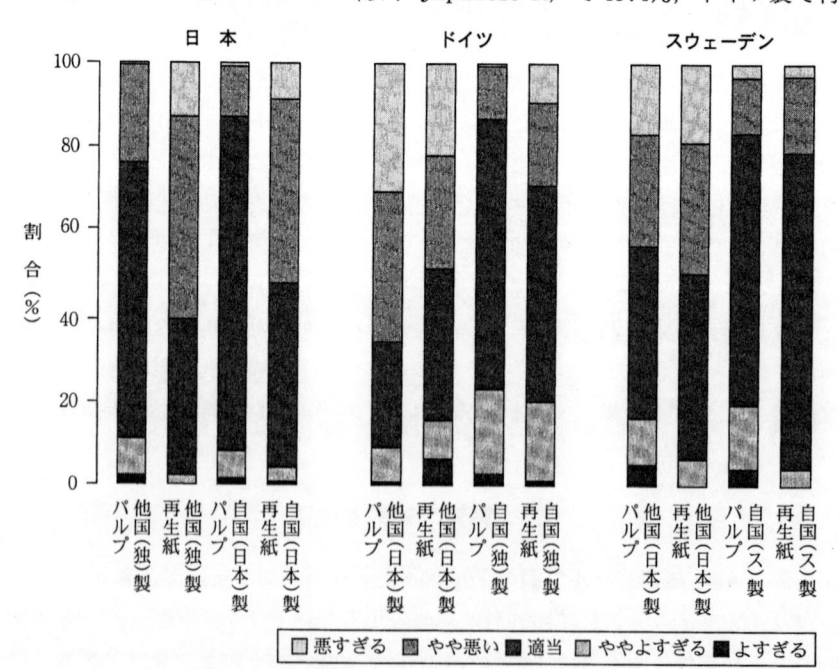

図8.1 品質評価：3国比較

生紙原料のトイレットペーパー（以下 German R）で 33.5% であった．ドイツ人では，German P が最も高く評価され，86.5% が「適当な品質である」かそれ以上の評価をしていた．以下 German R（71.6%），Japanses R（51.2%），Japanese P（33.5%）の順に評価していた．スウェーデン人では，スウェーデン製でパルプ原料のトイレットペーパー（以下 Swedish P）が最も高く評価されており，80.1% が「適当な品質である」かそれ以上の評価をしていた．以下，スウェーデン製で再生紙原料のトイレットペーパー（以下 Swedish R）（77.1%），Japanese P（54.9%），Japanese R（47.4%）の順であった．

この結果から，3国すべてにおいてトイレットペーパーの素材と生産国がトイレットペーパーの質の評価に影響を与えていることがわかる．そして，そこには3国において共通の傾向が見られる．それは，人々は他国製よりは自国製で，再生紙製よりはパルプ製のトイレットペーパーを好む傾向があるということである．しかしながら，日本人と他の2か国の反応パターンには明らかな違いも存在する．

日本人にとっては，トイレットペーパーの素材，つまりパルプ製であるということが，製品の生産国，つまり日本製であるということよりも決定的な要因であるようである．約80%の日本人が，その生産国を問わずパルプ製トイレットペーパーを高く評価している．一方で，ドイツ人とスウェーデン人にとっては素材，つまりパルプ製であることよりも生産国がより優勢な要因であるようだ．70%から80%のドイツ人およびスウェーデン人が素材を問わず，自国製品を高く評価していた．また特筆すべきは，ドイツ人は日本製でパルプ原料のトイレットペーパー（Japanese P）を最低に評価していたということである[*5]．

[*5] 後述するが，ドイツ人はトイレットペーパーの選択基準として多重巻きを重視するというように（表8.1参照），比較的厚めのしっかりした製品を好む傾向がある．ここで使用された日本製のパルプ製トイレットペーパーは一重で，しかも紙が一番薄い（第5章表5.2参照）製品であったためにドイツ人の評価が低かったと考えられる．

▶ **素材の推定**

次に各国の回答者によるトイレットペーパーの素材の推定を見てみよう．図8.2に各国の回答者の推定結果を示す．日本人のパルプ製品の推定では，

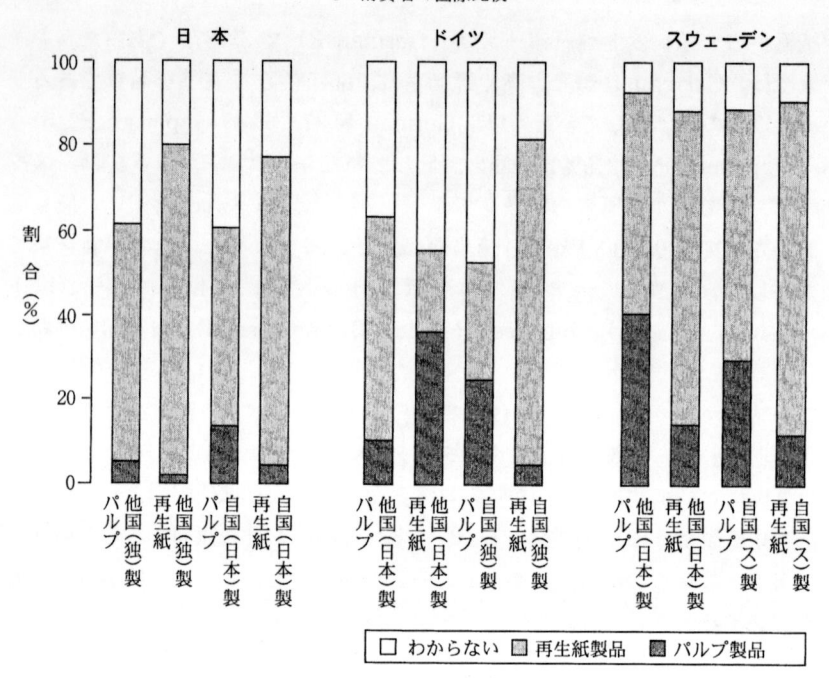

図 8.2 素材推定：3 国比較

Japanese P の評価者の 5.2%，および，German P の評価者の 13.5% しか素材を正しく推定できなかった．約半分の回答者は，パルプ製品を再生紙だと誤った推定をしていた（German P の評価者の 55.7% と Japanese P の評価者の 46.5%）．一方，日本人の再生紙製トイレットペーパーに対する推定では，German R に対して 72.2%，Japanese R に対して 71.9% と，約 4 分の 3 が再生紙製トイレットペーパーの素材を正しく推定していた．パルプ製だと誤った判断をした者は非常に少数であった．

ドイツ人のパルプ製品に対する推定では，German P の評価者の 25.1% が素材を正しく推定し，27.9% が誤った推定をした．一方，Japanese P の評価者の 10.3% のみが素材を正しく推定することができたが，54.0% は誤った推定をした．ドイツ人の再生紙製トイレットペーパーに対する推定では，German R の評価者の 78.0% が正しく推定し，4.1% が誤った推定をした．また Japanese R の評価者の 18.6% のみが正しく推定し，36.8% が誤った推定をした．

8.3 調査の結果と考察

スウェーデン人のパルプ製品に対する推定では，Swedish P に対しては 29.9%，Japanese P に対しては 41.1% の回答者が素材を正しく推定したが，半数以上は誤った推定をした．Swedish P に対して誤った推定をした割合は 59.8%，Japanese P に対して誤った推定をした割合は 52.0% である．一方でスウェーデン人の再生紙製トイレットペーパーに対する推定に関しては，Swedish R を正しく推定したものは 79.1%，Japanese R を正しく推定したものは 75.4% と比較的正確であり，誤ったものは Swedish R の 11.9% と Japanese R の 13.8% と比較的少なかった．

このようにトイレットペーパーの素材の推定では，すべての国において消費者はリサイクル製品の推定は比較的正確に判断できるが，パルプ製品の素材をあまり正確に判断することができないことが示された．

▶使用への意志

次に異なる価格を仮定した場合における，それぞれの種類のトイレットペーパーを使用したいという割合を国別，トイレットペーパーの種類別に計算した．結果を図 8.3 に示す．

日本人では，Japanese P の評価者の 25.2%，German P の評価者の 23.1

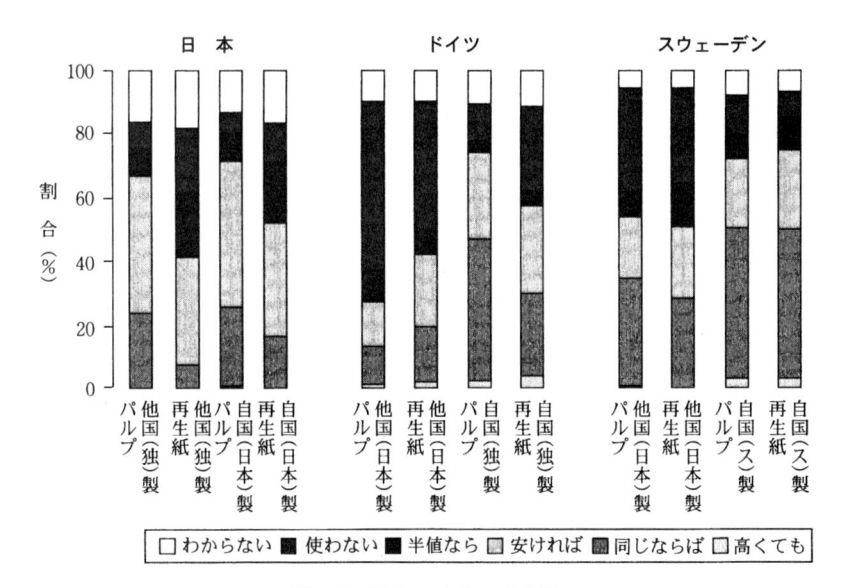

図 8.3 使用への意志：3 国比較

％，Japanese Rの評価者の15.7％，German Rの評価者の7.4％が，彼らが受け取ったトイレットペーパーの価格が普段購入しているものと同じ，もしくは高くても使用したいと回答した．ドイツ人では，German Pの評価者の47.4％，German Rの評価者の31.2％，Japanese Pの評価者の14.1％，Japanese Rの評価者の20.7％が彼らが受け取ったトイレットペーパーの価格が普段購入しているものと同じ，もしくは高くても使用したいと回答した．スウェーデン人ではSwedish Pの評価者の49.4％，Swedish Rの49.1％，Japanese Pの33.8％，Japanese Rの27.3％が普段購入しているものと同じ，もしくは高くても使用したいと回答した．

このように3国共通で，自国製でパルプ製のトイレットペーパーに対して使用の意志が高い傾向が見出されている．しかしながら，品質評価と同様に，日本人と他の2か国の反応パターンには明らかな違いも存在する．

日本人にとっては，トイレットペーパーの素材，つまりパルプ製であることが生産国よりも使用への意志を決定する，より重要な要因であるようである．日本人は2つのパルプ製品に対して，2つの再生紙製品よりも，高い使用の意志を示している．一方，ドイツ人とスウェーデン人には自国製，つまりドイツ製であることやスウェーデン製であることが，素材よりも重要な要因のようである．この2か国では，人々は2つの自国製品に対して，2つの他国製品よりも，使用に明らかに強い意志を示している．

8.3.2 購入行動・基準・再生紙製品の評価

次にトイレットペーパーの実際の購入行動，購入の際の基準，再生紙トイレットペーパーに対する評価を3国で比較してみよう．

▶購入行動と購入の基準

図8.4に示されるように，実際のトイレットペーパーの購入行動は，ドイツ

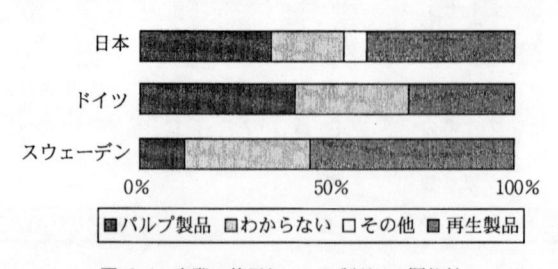

図8.4 実際に使用している製品：3国比較

ではパルプ製品の購入率（41%）が再生紙製品（28%）よりも高いが，反対にスウェーデンでは再生紙製品の購入率（55%）がパルプ製品（12%）よりも高い．一方，日本では，再生紙製品とパルプ製品の使用率が拮抗している（パルプ製品は35%で再生紙製品が39%）．

表8.1は3か国のトイレットペーパーの選択基準を示している．しかし，こ

表 8.1 トイレットペーパー購入の基準（複数回答）

	日 本	ドイツ	スウェーデン
1. わからない	20.69	10.57	0.68
2. ブランド	5.15	4.83	3.31
3. 紙が何重かになっている	17.79	59.65	38.85
4. 地球にやさしい製品	15.06	30.08	54.72
5. 柔らかさなどの使い心地	37.84	53.29	51.22
6. チラシやお店で目につくもの	9.34	1.33	0.49
7. 値段の安いもの	35.99	45.48	52.97
8. 白さなどの見かけや，きれいな包装	3.06	7.91	2.82
9. いつも使用しているもの	20.69	10.78	9.74
10. 特にない	5.23	1.75	2.82
11. 無回答	1.05	—	—

(%)

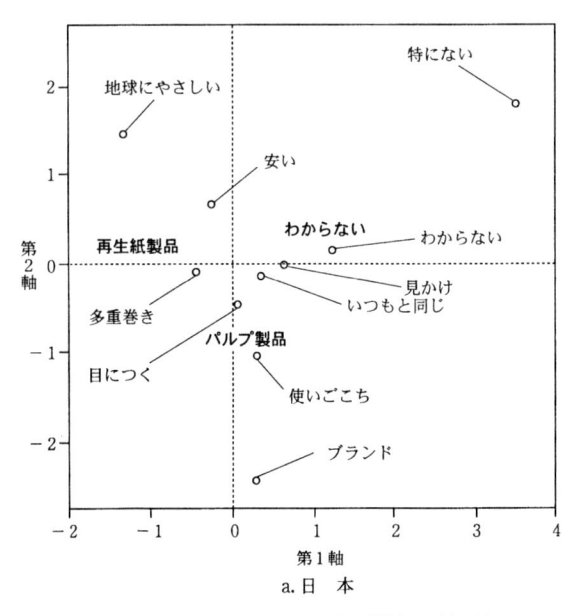

a. 日 本

図 8.5-1 購入品目と購入理由の関係：3国比較

b. ドイツ

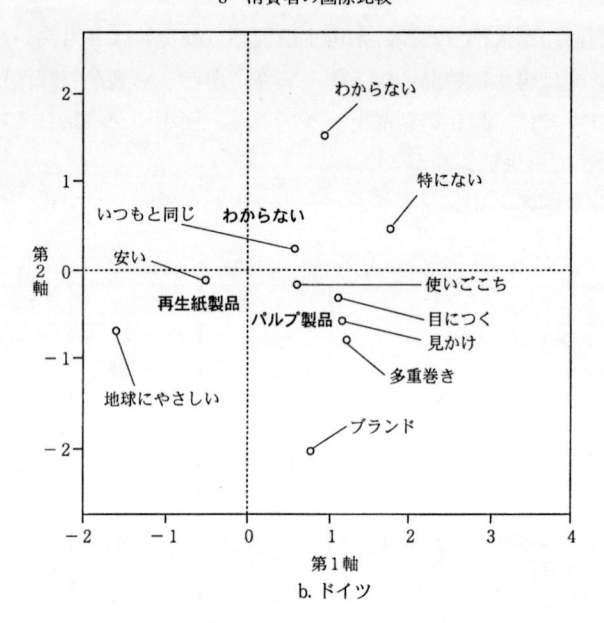

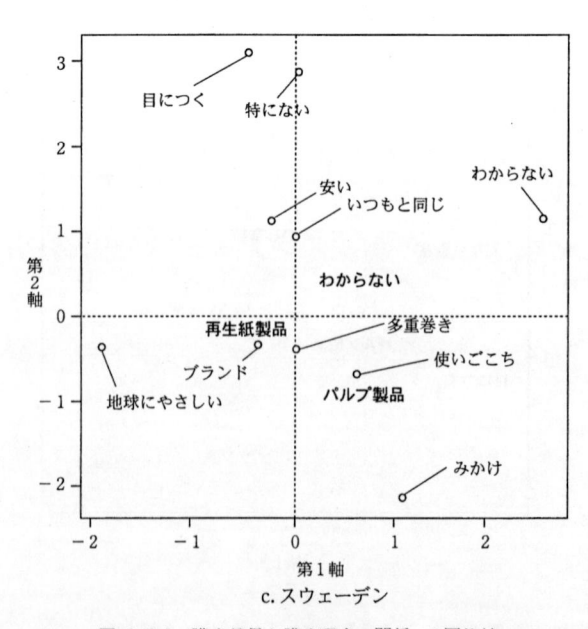

c. スウェーデン

図 8.5-2　購入品目と購入理由の関係：3国比較

の結果は再生紙製品の購入者とパルプ製品の購入者を総合した結果である．実際に購入している製品の種類と購入基準の関係を検討するために，数量化II類（コラム9参照）を各国のデータに適用した．その結果を図8.5に示す．各国ごとにそれぞれの製品の主要な購入理由を見ると，「**再生紙製品**」を購入する理由は3国共通で「地球にやさしい」，「安い」であった．これにスウェーデンでは「ブランド」が加わっている．「**パルプ製品**」を購入する理由は，日本では「ブランド」，「柔らかさ」であり，ドイツでは「ブランド」，「多重巻き」，「見かけ」であり，スウェーデンでは「見かけ」であった．ドイツ人の「多重巻き」という購入基準は，ドイツ人が日本人よりもしっかりした，厚めの製品を好むという，ドイツにおける専門家とのインタビューから得た知見と一致する．また，「ブランド」の項目に対する態度の違いは，日本とドイツでは大手メーカーが有名ブランドのパルプ製品を製造しているのに対して，スウェーデンでは大手メーカーが古紙を原料とした有名ブランドの製品を製造していると

図 8.6 スウェーデンにおけるトイレットペーパーの販売

図 8.7 スウェーデンの再生紙原料トイレットペーパー

図 8.8 スウェーデンのパルプ原料トイレットペーパー

コラム 9: 数量化Ⅱ類

　数量化Ⅱ類とは，説明すべき変数がカテゴリーの時の判別分析に相当する分析である．判別分析とは，いくつかの変数に対する測定値をもっているメンバーが何らかの基準（外的基準）で分類されているときに，その分類に対する各変数の影響を明らかにする分析である．また，結果として得られた変数と外的基準の関係式（判別式）を用いて，新しいメンバーがどの基準に分類されるかを予測することもできる．

　この際に，変数がカテゴリーであるとき，つまり定性的変数であるときの判別分析の拡張が数量化Ⅱ類と呼ばれる．数量化Ⅱ類においては，変数の影響である係数を，分類の群間変動を全変動に対して最大にするようにして求める．つまり，相関比を最大にするようにして求める．

表 8.2　再生紙のトイレットペーパーに関する意見（複数回答）

	日　本	ドイツ	スウェーデン
1. 特にない	18.20	23.00	9.44
2. 使い心地がよい	10.87	18.38	28.53
3. 使い心地が悪い	9.58	16.84	5.36
4. バージンパルプ製品と比べて，価格が安い	22.54	21.46	33.50
5. バージンパルプ製品と比べて，価格が高い	7.57	3.59	1.75
6. 見かけや包装が悪い	9.50	10.16	6.13
7. 見かけや包装がよい	2.17	3.18	8.08
8. 使いたい気がしない	4.75	13.14	6.43
9. 使いたい	14.01	15.09	35.25
10. 気持ちが悪い	1.77	11.60	7.40
11. 気持ちがよい	1.85	7.80	19.28
12. チラシやお店で目につく	12.24	0.82	13.83
13. チラシやお店で目につかない	4.91	2.26	7.11
14. 来客用としては失礼である	5.80	3.08	3.51
15. 来客用としてふさわしい	2.01	5.65	10.42
16. 地球にやさしい	41.71	24.64	68.74
17. 地球に厳しい	0.00	0.51	0.58
18. きたない	1.29	1.75	1.66
19. きれい	2.82	—	9.35
20. わからない	15.30	9.65	6.82
21. 無回答	1.21	—	—

(%)

いう産業構造の違いを反映していると思われる*6.

*6 1999年から大手メーカーの1つクレシアが牛乳パックからトイレットペーパー製品を作っているので，この区分は現在は崩れつつある．

▶再生紙の評価

表8.2に示されるように，再生紙の評価に関しては，スウェーデンでは「使い心地がよい」が28.5%（日本10.9%，ドイツ18.4%），「バージンパルプ製品と比べて，価格が安い」が33.5%（日本22.5%，ドイツ21.5%），「使いたい」が35.3%（日本14.0%，ドイツ15.1%），「気持ちがよい」が19.3%（日本1.9%，ドイツ7.8%），「地球にやさしい」が68.7%（日本41.7%，ドイツ24.6%）と，日本やドイツと比較して肯定的な判断が際立って高い．つまり，スウェーデンにおいては，再生紙は日本・ドイツよりも肯定的に受け取られているようである．ドイツ人の反応は，日本人とほぼ同じパターンであるが，再生紙に対して否定的な項目に対してはドイツ人の反応のほうが高い傾向がある．つまり，再生紙に対する評価はスウェーデンで最も高く，次いで日本，ドイツの順番になっている．

8.3.3 リサイクル行動

続いて各国の廃棄物回収費用の負担方法と分別回収制度の違いについて見てみよう．

▶廃棄物の回収費用

図8.9は各国の廃棄物回収費用の支払構造を示している．ドイツでは53.9

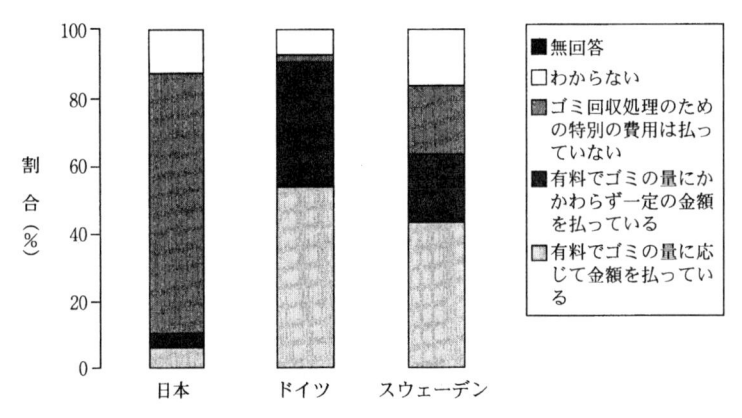

図 8.9 廃棄物回収費用の支払方法：3国比較

％の世帯が容器単位で支払いをしており(従量制)，36.8％が量にかかわらず料金を支払い，1.6％が廃棄物回収に一般的な税金以外の特別の料金を支払っていなかった．つまり，約90％のドイツ人世帯は廃棄物回収に対して特別の料金を支払っていた．スウェーデンでは43.1％の世帯が容器単位で支払いをしており(従量制)，20.2％が量にかかわらず料金を支払っていた(定額制)．一方20.2％が廃棄物回収に一般的な税金以外の特別の料金を支払っていなかった．スウェーデン人世帯では60％以上が廃棄物回収に対して特別の料金を支払っていたことになる．対照的に日本人世帯ではわずか10.4％(従量制6％と定額制4.4％)が廃棄物回収に対して特別の料金を支払っており，76.8％は一般的な税金以外の特別の費用を支払っていなかった．つまり，廃棄物回収に対する特別の課金制度はドイツで一番普及しており，次いでスウェーデン，日本の順に普及していることになる．

▶回収物の種類

図8.10と表8.3は粗大ゴミ，空きビン，空き缶と，新聞古紙，雑誌古紙，段ボール，チラシや包装紙，紙箱，プラスチックトレイ，ペットボトルをリサイクルしている住民の割合を比較している．すべてのリサイクル可能な素材において，ドイツとスウェーデンの世帯が日本の世帯よりもリサイクルへの参加率が高い．特にスウェーデンでは空きビン，新聞紙，ペットボトルを80％以上の世帯がリサイクルしており，また粗大ゴミとプラスチックトレイを除くすべての品目で60％以上のリサイクルへの参加率を示している．また，ドイツでも新聞紙と空きビンを80％以上の世帯がリサイクルしており，また粗大ゴ

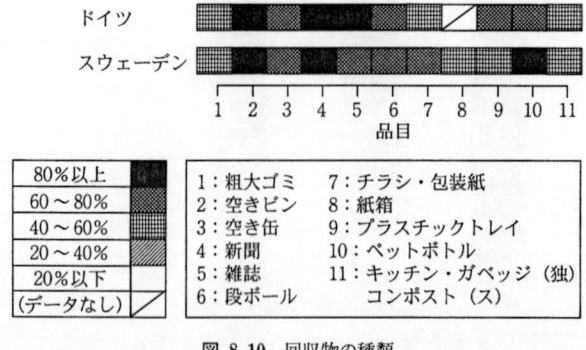

凡例		品目	
80％以上		1：粗大ゴミ	7：チラシ・包装紙
60〜80％		2：空きビン	8：紙箱
40〜60％		3：空き缶	9：プラスチックトレイ
20〜40％		4：新聞	10：ペットボトル
20％以下		5：雑誌	11：キッチン・ガベッジ(独)
(データなし)		6：段ボール	コンポスト(ス)

図 8.10　回収物の種類

表 8.3 リサイクル行動への参加（複数回答）

	日本	ドイツ	スウェーデン
1. わからない	17.71	8.21	0.49
2. 粗大ゴミの回収	28.34	57.49	42.45
3. 空きビンの回収	54.75	83.26	94.16
4. 空き缶の回収	58.94	61.70	76.14
5. 新聞の回収	66.67	84.09	87.63
6. 雑誌の回収	44.93	78.85	78.97
7. 段ボールの回収	32.37	74.95	72.64
8. チラシ・包装紙の回収	15.78	57.39	71.37
9. 紙箱（例：お菓子の箱）の回収	8.13	—	59.69
10. プラスチックトレイの回収	19.89	61.07	51.12
11. ペットボトルの回収	25.68	60.27	88.12
12. 生ゴミの回収	—	46.20	—
13. 無回答	2.33	1.33	—

(%)

ミとチラシ・包装紙を除くすべての品目で60%以上のリサイクルへの参加率を示している[*7]．しかし，日本では最も多くリサイクルされている新聞紙でも67%程度にとどまっており，他の項目の多くでは参加率は50%以下である．

[*7] 実際にはドイツではコンポストの実施率も60%以下だが，他の2か国では調査していない項目なので，この議論では触れない．

8.3.4 紙リサイクルに重要なこと

最後に各国の住民が紙リサイクルのために重要だと考えていることの違いについて見てみよう．

図8.11と表8.4に見られるように，「リサイクルするだけではなく，使用量そのものを減らしたり，長い間使う」の項目を除いては，すべての項目をスウェーデン人は，他の2か国人よりも重要であると考えている．「リサイクルするだけではなく，使用量そのものを減らしたり，長い間使う」の項目に関しても，日本人と同様の選択率で，ドイツ人よりも高い．つまり，現在のリサイクルにとって何が重要かということに関して，スウェーデン人は，さまざまな環境配慮行動に関して全般的に意識が高いことがうかがえる．

8.4 結論

これらの結果からわかることは，第一にドイツとスウェーデンでは日本と比べて回収行動への参加が全般的に盛んであり，再生資源の回収がうまくいって

140　　　　　　　　　　　8　消費者の国際比較

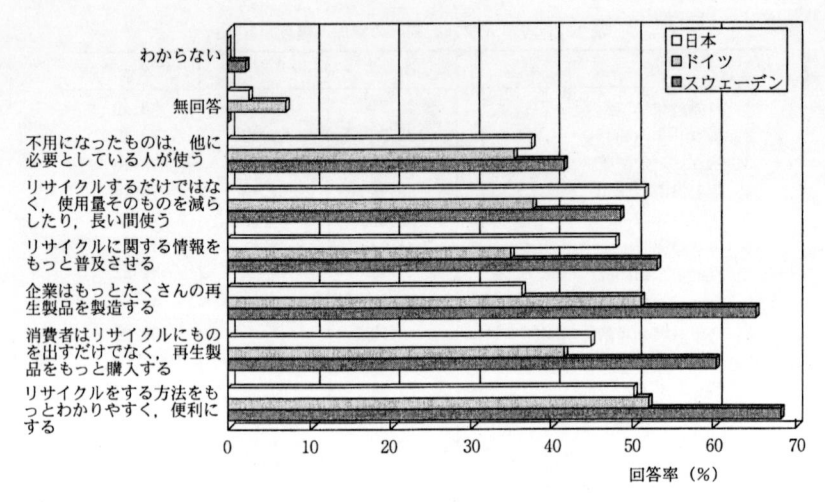

図 8.11　現在のリサイクルについて何が大切か：3国比較

表 8.4　現在のリサイクルについて何が大切か（複数回答）

	日　本	ド イ ツ	スウェーデン
1. リサイクルをする方法をもっとわかりやすく，便利にする	50.00	52.05	68.16
2. 消費者はリサイクルにものを出すだけでなく，再生製品をもっと購入する	44.85	41.48	60.18
3. 企業はもっとたくさんの再生製品を製造する	36.31	51.03	65.04
4. リサイクルに関する情報をもっと普及させる	48.07	34.91	53.07
5. リサイクルするだけでなく，使用量そのものを減らしたり，長い間使う	51.69	37.89	48.78
6. 不用になったものは，他に必要としている人が使う	37.60	35.52	41.48
7. 無回答	2.42	6.98	—
8. わからない	—	—	2.14

（％）

いるということである．この結果は，ドイツとスウェーデンが古紙回収率において，韓国に次ぐ，世界2位と3位であるということとも一致している（2.1節参照）．経済や社会の発展状態を考えれば，この2か国は今後の日本がよりリサイクル，特に回収量の増加を推進していく場合に参考とすべき国であろうと思われる[8]．

　[8]　もちろん，「リサイクルを推進する必要はない」，または「推進してはいけない」とい

8.4 結論

う議論もありうるが,ここではそれについては触れない.

しかし,再生紙のトイレットペーパーに対する意識と消費行動については,この2つの国には大きな違いが見られる.スウェーデン人はリサイクルされた再生紙製品に対して積極的に高い評価をしており,実際の購入行動においても再生紙製品の購入率がパルプ製品よりも高くなっている.一方,ドイツ人の再生紙製品に対する評価は,日本人よりもなお低く,実際の購入行動においても,日本人よりもさらに再生紙製品を使用している率は低い.

ブラインドテストの結果は,製品の品質に対する感覚や素材の推定においてドイツとスウェーデンの両国の傾向が類似していることを示している.したがって,ドイツ人の再生紙製品に対する評価と購入行動は,再生紙製品の質に対する感覚や嗜好の問題ではなく,環境に配慮する態度や意識の低さを反映していると考えられる.

つまり,リサイクルシステムの中の再生資源回収において世界で最も進んだ国であるドイツとスウェーデンは,実は環境に配慮する態度や意識という点では全く違っているということである.スウェーデン人は日本人よりも,より環境に配慮した意識や態度をもち,また配慮した行動をとっているのに対して,ドイツ人は日本人よりもむしろ,環境に対しては無頓着で,少なくともトイレットペーパーの購入行動においては,環境に配慮した行動をとっていない.

つまり,この両国の高い資源回収への参加率には全く違った原因があることが示唆される.まずスウェーデンでは国民の環境に対する意識は非常に高く,制度として多少不便であっても,資源回収を肯定的に捉え,積極的に参加していると思われる.第2章で示したようにスウェーデンでは1970年代より徹底した環境教育を行なっており,また各種の環境保護に関する広報活動も充実しているという事実は,この説明を裏づけてくれるだろう.一方,ドイツでは,第2章と第4章で紹介したDSD社を中心とした,包括的で便利なリサイクルシステムをもつ社会を制度として作り上げている.したがって,国民は環境配慮行動によって自発的に資源回収に参加するというよりもむしろ,制度に従うだけで自然と資源回収行動を行なえるようになっているのであろう.

この2か国の事情の違いは,この先日本が成熟したリサイクル社会を構築していくには2つの方法があるということを示している.それはスウェーデン型

の，環境教育と広報の充実によって作られた高い環境配慮意識と行動によって高度のリサイクル社会を実現していく方法と，ドイツ型の，包括的で実行の容易な優れたリサイクルシステムを構築することで高度のリサイクル社会を実現していくという方法である．もちろんこの2つの方法は，相反するものではない．現実には，日本はこの2つの方法を平行して進めていくことになるのだろう．高度のリサイクル社会がこの2つの異なった方法で実現されているということ認識し，それぞれの方法の有効性と限界を見きわめながら，日本の社会と国民に最も適した組合せを模索していくことが，日本型の成熟したリサイクルシステムの構築のためには必ず必要になってくると思われる．

～終章～　データによって明らかにされたこと

　日本は長い間古紙リサイクルの最先進国であった．民間の回収業者を中心とする古紙回収率は長い間世界第1位であり，また，需給のバランスがとれていたために，回収された古紙は資源としての適切な価値をもっている商品であった．また，紙製品に関しても原材料の棲みわけがうまく機能していた．たとえば衛生紙に関しては，中小企業は再生紙を原料に，大企業はバージンパルプを原料に製造するというように，市場における再生紙製品とパルプ製品はうまく棲みわけていた．このように日本型古紙リサイクルシステムは近年まで効果的に機能してきた．

　しかし，近年の生活者の地球環境意識の高まりと，行政による廃棄物と再生資源回収制度の大きな変革が，この日本における紙リサイクルシステムに非常に大きな変化をもたらすこととなった．変化の始まりは，古紙の回収率の急激な高まりによる古紙の過剰供給と，それにともなう古紙価格の急落であった．これは紙リサイクル社会の静脈部を構成する古紙回収業者と古紙問屋に大きな危機を与えることとなった．この危機に際して，これら静脈産業は，過剰古紙の海外への輸出の可能性を模索した．しかしその後3年を経過しない間に，輸出のシステムや効率の改善，そして製紙産業における脱墨技術の革新・普及とそれら新技術を用いた設備の増設などが進み，古紙は一時的にしろ（2000年前半）逆に需要過多，つまり古紙不足の状態になった．現在（2001年）はまた国内の古紙消費の減少から弱い供給過剰状態に戻っているが，ここにさらに海外における古紙の需給バランスや価格，そして海上輸送費の変動なども大きな影響を与えているという，複雑でダイナミックな変化をしている．

　本書は，この激動の時期における，日本のリサイクルシステムを構成する各

種主体に対する調査のデータに基づく報告である．また，発見された問題の普遍性と独自性を検討するために，日本以外にドイツとスウェーデンの住民調査を実施して，比較検討を行なった．

著者らは，紙リサイクルシステムにおける特定の立場にくみするものではない．また，「古紙回収率や利用率を上昇させるべきである」，または「再生紙製品の使用を増加させるべきだ」というような，特定の目的を掲げ，それを達成するための方法を探索してきたわけでもない．われわれの最終的な目的は，日本の紙リサイクル社会全体の構造と現在の問題点を明らかにし，また，進んだシステムをもつと考えられる他の国と比較することで，その問題点の解決法を模索することであった．もちろん，現時点でこれらの目的のすべてが達成されていないことは明らかであるが，研究の方向はそちらに向かっている．

本書の中で明に暗に示されてきたことは，システム中の特定の立場や局面における問題の解決や改善が，別の立場や局面に，大きな，そしていくつかの場合においては悪い影響を与えてしまうということである．たとえば，近年の行政の主導による資源回収の促進は回収率の上昇をもたらしたが，一方でそれは，一時的とはいえ古紙の過剰供給を引き起こし，回収業者に深刻な打撃を与えてしまった．また，現在進行中である大手製紙会社による古紙原料によるトイレットペーパーの製造開始は，リサイクルされた再生紙製トイレットペーパーの使用率の上昇をもたらすと思われるが，同時に，大手のパルプ製品と中小の再生紙製品という，これまでの市場における棲みわけが終わることを意味している．この棲みわけの終わりは，これまでは別の嗜好をもつ消費者を相手にしてきた中小企業が，大企業と同じ消費者を対象にした市場競争をしなければならなくなったことを意味している．言い換えれば，ブランドかリサイクルかという二極分化された市場に，今後はブランドのリサイクル製品という選択肢が加わってくるのである．これは明らかに，ブランドイメージをもたず，また製品開発力において不利な中小企業にとって，生産と販売戦略の大きな変更を迫られることになると思われる．また，この状況に対応しきれない中小企業は存続の危機に陥る可能性があるだろう．

このように，長い時間をかけて徐々に築かれ，そして効果的に機能してきた複雑なシステム，たとえば本書が追究してきた紙リサイクルシステムのすべての局面を同時に改善することは難しい．特に，急速な変革を行なうことは，あ

る局面の問題を解決しえたとしても，別の局面に悪影響を与える場合があるということを，われわれは本書の研究を通じて実感してきた．しかし，いくら効果的なシステムでも，社会・政治・経済的状況の変化にともない，変化は不可避な場合がある．そして変化が避けられないのであれば，痛みをともなうことも仕方ないのかもしれない．そして今紙リサイクル社会は，そのような変革を迫られる時期にきているのかもしれない．しかし，よかれと思われるある局面や主体のための変革が，他の局面や主体に悪影響を与える場合があることに関係者は自覚的である必要があるだろう．特に，一局面のための政策が，意図しない形で，他の局面や主体に深刻な悪影響を与えることに対しては，細心の配慮が払われる必要がある．このことが実証科学者としてのわれわれの，実社会に対する唯一の主張かもしれない．

本書は文部省の平成9年度〜11年度科学研究費補助金（基盤研究(A)(2)）を受けた「紙リサイクル社会の比較調査と国際協調性の研究（課題番号 国09041055)」に多くの部分で基づいている．このような研究を可能にしてくれた文部省に対して感謝を述べておきたい．この研究プロジェクトの研究分担者は林 知己夫氏，村上征勝氏，馬場康維氏，吉野諒三氏，鄭 躍單氏，長坂建二氏，丸山康司氏であり，また研究協力者として山下英俊氏と山下雅子氏が参加した．以上の諸氏にここで感謝の意を示したいと思う．

この研究プロジェクトの成果は本書のほかに，研究報告書および以下の4本の論文として発表されている．

Kishino, H., Hanyu, K., Yamashita, H. and Hayashi, C. (1998). Correspondence analysis of paper recycling society: Consumers and paper makers in Japan. *Resources, Conservation, and Recycling*, **23**, 193-208.

Kishino, H., Hanyu, K., Yamashita, M. and Hayashi, C. (1999). Recycling and consumption in Germany and Japan: A case of toilet paper. *Resources, Conservation, and Recycling*, **26**, 189-215.

Yamashita, H., Kishino, H., Hanyu, K., Hayashi, C. and Abe, K. (2000). Circulation indices: New tools for analyzing the structure of material cascades. *Resources, Conservation, and Recycling*, **28**, 85-104.

Hanyu, K., Kishino, H., Yamashita, H. and Hayashi, C. (2000). Linkage between recycling and consumption: A case of toilet paper in Japan. *Resources, Conservation, and Recycling*, **30**, 177-199.

参考文献

Ackerman, F. (1997). *Why Do We Recycle?: Markets, Values, and Public Policy*. Washington, D. C.: Island Press.
Burn, S. (1991). Social psychology and the stimulation of recycling behaviors: The block leader approach. *Journal of Applied Social Psychology*, **21**, 611-629.
Burn, S. and Oskamp, S. (1986). Increasing community recycling persuasive communication and public commitment. *Journal of Applied Social Psychology*, **16**, 29-41.
Carral-Verdugo, V. (1996). A structural model of reuse and recycling in Mexico. *Environment and Behavior*, **28**, 665-696.
De Young, R. (1986). Some psychological aspects of recycling: The structure of conservation satisfactions. *Environment and Behavior*, **18**, 435-449.
De Young, R. (1988-89). Exploring the difference between recyclers and non-recyclers: The role of information. *Journal of Environmental Systems*, **18**, 341-351.
De Young, R. (1990). Recycling as appropriate behavior: A review of survey data from selected recycling education programs in Michigan. *Resources, Conservation, and Recycling*, **3**, 253-266.
De Young, R., Boersching, S., Carney, S., Dillenbeck, A., Elster, M., Horst, S., Kleiner, B. and Thomson, B. (1995). Recycling in multi-family dwellings: Increasing participation and decreasing contamination. *Population and Environment: A Journal of Interdisciplinary Studies*, **16**, 253-267.
De Young, R., Duncan, A., Frank, J., Gill, N., Rothman, S., Shenot, J., Shotkin, A. and Zwizig, M. (1993). Promoting source reduction behavior: The role of motivational information. *Environment and Behavior*, **25**, 70-85.
Deyle, R. E. (1993). Who will pay?: Subsidies or taxes for recycling in the heartland. *Resources, Conservation, and Recycling*, **9**, 237-253.
Dungate, D., Matsuto, T., Tanaka, N. and Ostry, A. (1997). A comparison of the factors influencing residential waste recycling in Vancouver, Canada and Sapporo, Japan. *Waste Management Research*, **8**, 157-165.
Hamad, C. D., Bettinger, R., Cooper, D. and Semb, G. (1980-81). Using behavioral procedures to establish an elementary school paper recycling program. *Journal of Environmental Systems*, **10**, 149-156.
広瀬幸雄 (1995). 環境と消費の社会心理学. 名古屋大学出版会.
Hopper, J. R. and Neilsen, J. M. (1991). Recycling as altruistic behavior: Normative and behavioral strategies to expand participation in a community recycling program. *Environment and Behavior*, **23**, 195-220.

Howenstine, E. (1993). Market segmentation for recycling. *Environment and Behavior*, **25**, 86-102.

Jacobs, H. E., Bailey, J. S. and Crews, J. I. (1984). Development and analysis of a community-based resource recovery program. *Journal of Applied Behavior Analysis*, **17**, 127-145.

Katzev, R. and Mishima, H. R. (1992). The use of posted feedback to promote recycling. *Psychological Reports*, **71**, 259-264.

Luyben, P. D. and Bailey, J. S. (1979). Newspaper recycling: The effect of rewards and proximity of containers. *Environment and Behavior*, **11**, 539-557.

松原岩五郎 (1893;1988). 最暗黒の東京. 岩波書店.

Mersky, R. L. and Mathew, K. O. (1989). The effects of income and education on participant behavior in a mandatory news paper recycling program. *Journal of Resource Management and Technology*, **17**, 75-79.

Oskamp, S., Harrington, M. J., Edwards, T. C., Sherwood, D. L., Okuda, S. M. and Swanson, D. C. (1991). Factors influencing household recycling behavior. *Environment and Behavior*, **23**, 494-519.

Oskamp, S., Williams, R., Unipan, J., Steers, N., Mainieri, T. and Kurland, G. (1994). Psychological factors affecting paper recycling by businesses. *Environment and Behavior*, **26**, 477-503.

Schultz, P. W., Oskamp, S. and Mainieri, T. (1995). Who recycles and when?: A review of personal and situational factors. *Journal of Environmental Psychology*, **15**, 105-121.

谷口吉光 (1996). 住民のリサイクル行動に関する機会構造的分析:日米比較調査をもとに. 環境社会学研究, **2**, 109-122.

東京製紙原料協同組合 (1998) 東京製紙原料協同組合五十年史.

van Liere, K. D. and Dunlap, R. E. (1981). Environmental concern: Does it make a difference how it's measured? *Environment and Behavior*, **13**, 651-676.

Vining, J. and Ebreo, A. (1990). What makes a recycler?: A comparison of recyclers and nonrecyclers. *Environment and Behavior*, **22**, 55-73.

Weigel, R. H. (1977). Ideological and demographic correlates of proecology behavior. *Journal of Social Psychology*, **103**, 39-47.

Witmer, J. E. and Geller, E. S. (1976). Facilitating paper recycling: Effects of prompts, raffles, and contests. *Journal of Applied Behavior Analysis*, **9**, 315-322.

Yamashita, H., Kishino, H., Hanyu, K., Hayashi, C. and Abe, K. (2000). Circulation indices: New tools for analyzing the structure of material cascades. *Resources, Conservation, and Recycling*, **28**, 85-104.

付録1　消費者調査用アンケート用紙（第5章，第6章参照）

紙のリサイクルの住民意識調査

1. 見本にお配りしたトイレットペーパーについてうかがいます。

問1.1　お手元にある、見本のトイレットペーパーの品質をどう思いますか。<u>あてはまるものの一つを○でかこんでください。</u>

　　　1　品質があまりにも良すぎる
　　　2　品質がやや良すぎる
　　　3　適当な品質である
　　　4　品質がやや悪い
　　　5　品質があまりにも悪すぎる

問1.2　お手元にある、見本のトイレットペーパーの原料は何だと思いますか。<u>あてはまるもの一つを○でかこんでください。</u>

　　　1　バージンパルプ100%
　　　2　古紙が含まれている
　　　3　わからない

問1.3　お手元にある、見本のトイレットペーパーの価格がどのくらいなら使用しますか。<u>あてはまるもの一つを○でかこんでください。</u>

　　　1　普段購入しているものよりも高くても使用する
　　　2　普段購入しているものと同じなら使用する
　　　3　普段購入しているものよりも少しでも安ければ使用する
　　　4　普段購入しているものの半額ならば使用する
　　　5　値段がいくらでも使用しない
　　　6　普段購入していないので値段のことはわからない

紙のリサイクルの住民意識調査

2. 再生紙のトイレットペーパーの使用についてうかがいます。

問 2.1 現在、おたくのトイレではどんな紙を使用していますか。<u>あてはまるものの一つを</u>○でかこんでください。

1. バージンパルプ製のトイレットペーパー
2. 再生紙のトイレットペーパー
3. ウォシュレットのような洗浄機を使用しているので紙はほとんど使用しない
4. ちり紙を使用している
5. わからない

問 2.2 トイレットペーパーを購入するときの基準は何ですか。<u>重要なものをいくつでも</u>○でかこんでください。

1 自分は買わないのでわからない　　6 チラシやお店で目につくもの
2 ブランド　　　　　　　　　　　　7 値段の安いもの
3 紙が何重かになっている　　　　　8 白さなどの見かけや、きれいな包装
4 地球にやさしい製品　　　　　　　9 いつも使用しているもの
5 柔らかさなどの使い心地　　　　　10 特にない

問 2.3 再生紙のトイレットペーパーについての意見を伺います。<u>あてはまるものすべてを</u>○でかこんで下さい。

1 特にない　　　　　　　　　　　　　　　12 チラシやお店で目につく
2 使い心地が良い　　　　　　　　　　　　13 チラシやお店で目につかない
3 使い心地が悪い　　　　　　　　　　　　14 来客用としては失礼である
4 バージンパルプ製品と比べて、価格が安い　15 来客用としてふさわしい
5 バージンパルプ製品と比べて、価格が高い　16 地球にやさしい
6 見かけや包装が悪い　　　　　　　　　　17 地球に厳しい
7 見かけや包装が良い　　　　　　　　　　18 きたない
8 使いたい気がしない　　　　　　　　　　19 きれい
9 使いたい　　　　　　　　　　　　　　　20 わからない
10 気持ちが悪い
11 気持ちが良い

紙のリサイクルの住民意識調査

3. 最後にリサイクルとゴミ処理についてうかがいます。

問 3.1 あなたのお住まいの地域では、ゴミの回収と処理は有料ですか。**あてはまるもの一つを**○でかこんでください。

1. 有料で、ゴミの量に応じて金額を払っている
2. 有料で、ゴミの量に関わらず一定の金額を払っている
3. ゴミ回収処理のための特別の費用は払っていない
4. わからない

問 3.2 あなたは、どのようなリサイクルをおこなっていますか。**あてはまるものすべてを**○でかこんでください。

1. わからない
2. 粗大ごみの回収
3. 空びんの回収
4. 空かんの回収
5. 新聞の回収
6. 雑誌の回収
7. 段ボールの回収
8. チラシ・包装紙の回収
9. 紙箱（例：お菓子箱）の回収
10. プラスチックトレイの回収
11. ペットボトルの回収

問 3.3 あなたはリサイクルに関する情報をどのようにして得ましたか。**あてはまるものすべてを**○でかこんでください。

1. リサイクルの情報はほとんど知らない
2. 新聞、雑誌など
3. 書籍
4. TVやラジオ
5. 学校教育
6. PTAや町内会などの地域住民団体
7. ボランティア活動などの市民団体
8. 政府、自治体の広報活動
9. 家族、友人、知人から

紙のリサイクルの住民意識調査

問3.4 現在、ゴミ減量化をはかるため、事業系ゴミのみならず家庭系ゴミにおいても全国自治体の4割近くの市町村でゴミ有料化が実施されており、そのうち6割の市町村では、従量制をとっています。ただ、人口10万を越える都市ではほとんど家庭ゴミの有料化は行われていません。
　ところで、東京区部における平成5年度資源ゴミ収集コストは年間22億3千万円に上り、1kgあたり110円でした。これに対してゴミ処理コストは1kgあたり50円でした。資源ゴミ回収が通常のゴミ回収よりもコスト高であるのは、主として材料として利用するための選別にかかる手間のためです。
　そこで、今後のゴミ処理と古紙回収の費用の負担に関してのご意見を伺います。あなたが反対するものすべてを○でかこんで下さい。(賛成ではなく、反対のものにです。ご注意下さい)

1. ゴミ処理にかかる費用は住民の税金の増加でまかなう
2. 古紙回収にかかる費用は住民の税金の増加でまかなう
3. ゴミ処理にかかる費用は、ゴミを出す者がその量に応じて支払う
4. 古紙回収にかかる費用は、古紙を出す者がその量に応じて支払う
5. ゴミ処理にかかる費用は、企業があらかじめ価格に上乗せすることにより負担する
6. 古紙回収にかかる費用は、企業があらかじめ価格に上乗せすることにより負担する
7. ゴミ処理にかかる費用は、民間と行政が折半する
8. 古紙回収にかかる費用は、民間と行政が折半する

問3.5 紙のリサイクルに関する次のような意見に対して、あなたはどう思いますか。あなたの意見に一番近いもの一つを○で囲んでください。

問3.5.1 「紙のリサイクルをする時には、それを材料としてパルプ材の製品と見劣りしない製品をつくるために、特別の設備をつくるなどして経済に過度の負担をかけないようにすることが必要である」

　　1. 賛成　　　　　2. 反対　　　　　3. どちらとも言えない

問3.5.2 「紙のリサイクルで、パルプ材の製品と見劣りしない製品をつくるために、再生紙の製造過程で薬品を使用し、かえって環境に悪影響をもたらすようなことは避けるべきだ」

　　1. 賛成　　　　　2. 反対　　　　　3. どちらとも言えない

問3.5.3 「紙のリサイクルをする時には、木材パルプの需要の減少によって、森林経営を圧迫するようなことは避けるべきだ」

　　1. 賛成　　　　　2. 反対　　　　　3. どちらとも言えない

紙のリサイクルの住民意識調査

問3.6 現在のリサイクルについて何が大切かを伺います。 <u>**特に重要なものにいくつでも**</u>
○でかこんでください。

1. リサイクルをする方法をもっとわかりやすく、便利にする
2. 消費者はリサイクルにものを出すだけでなく、再生製品をもっと購入する
3. 企業はもっとたくさん再生製品を製造する
4. リサイクルに関する情報をもっと普及させる
5. リサイクルするだけではなく、使用量そのものを減らしたり、長い間使う
6. 不要になったものは、他に必要としている人が使う

これですべて終了です。ご協力に感謝します。

付録2　生産者調査用アンケート用紙（第6章参照）

トイレットペーパーの生産とリサイクル

1. 貴社のトイレットペーパーの生産について伺います。

問1.1　昨年の貴社のトイレットペーパーの総生産量（単位：トン）、および総卸売り額（単位：百万円）をお知らせ下さい。

　　　総生産量：＿＿＿＿＿＿トン　　　総卸売り額：＿＿＿＿＿＿百万円

問1.2　それは、貴社で製造する全紙製品の生産額の何割を占めますか。

　　　＿＿＿＿＿＿％

問1.3　貴社のトイレットペーパーの出荷は5年前と比べて何パーセント増加または減少しましたか。パーセントとともに増加か減少を○で囲んで下さい。

　　　総生産量：＿＿＿＿％　増／減　　　総卸売り額：＿＿＿＿％　増／減

問1.4　昨年のトイレットペーパーの生産に投入した原料について伺います。パルプ、牛乳パック、上質古紙、新聞古紙、雑誌古紙、その他をそれぞれ何千トン用いましたか。

　　　1. パルプチップ　　　　　：＿＿＿＿＿＿トン
　　　2. 牛乳パック　　　　　　：＿＿＿＿＿＿トン
　　　3. 産業古紙（模造・色上）：＿＿＿＿＿＿トン
　　　4. オフィス古紙（上質紙系）：＿＿＿＿＿＿トン
　　　5. 新聞古紙　　　　　　　：＿＿＿＿＿＿トン
　　　6. 雑誌古紙　　　　　　　：＿＿＿＿＿＿トン
　　　7. その他：　　　　　　　：＿＿＿＿＿＿トン

問1.5　昨年のトイレットペーパーの総生産原価のうち製紙原料費の占める割合について伺います。パルプ、古紙それぞれについてお答え下さい。

　　　パルプ原料費：＿＿＿＿＿％　　　古紙原料費：＿＿＿＿＿％

問1.6　昨年の主な納品先への出荷状況を伺います。

　　　1.問屋、又は代理店に：　　　　　＿＿＿＿千トン　　3.事業所に：＿＿＿＿千トン
　　　2.直販（行政・一般消費者）：　　＿＿＿＿千トン　　4.その他に：＿＿＿＿千トン

トイレットペーパーの生産とリサイクル

2. あなたから見たトイレットペーパーの製造、販売、消費について伺います。

問 2.1 トイレットペーパーの製品開発において特に重点をおいていることについてお伺いします。以下の中から、<u>最大 5 つまで</u>お選びください。

1. 価格
2. 紙の強度
3. 形（芯なしロール等）
4. 紙の肌触り
5. 白色度
6. 色合い
7. 香料・匂い
8. 残りインク（チリ）
9. 包装・デザイン（人気キャラクターの使用など）
10. 製品名・ブランド名
11. コストダウン
12. 環境にやさしい工程
13. なるべく古紙を原料に使う

問 2.2 一般消費者がトイレットペーパーを購入するとき、何を基準にしていると感じていますか。<u>重要なものをいくつでも</u>○でかこんでください。

1. ブランド
2. 紙が何重かになっている
3. 地球にやさしい製品
4. 柔らかさなどの使い心地
5. チラシやお店で目につくもの
6. 値段の安いもの
7. 白さなどの見かけ
8. 包装・デザイン（人気キャラクターの使用など）
9. いつも使用しているもの
10. その他（　　　　　　　　　　）

問 2.3 トイレットペーパーを販売する小売店の多くの商品の取り扱いについて、あなたはどう思いますか。<u>次のそれぞれについて</u>「1.そう思う」、「2.ややそう思う」、「3.あまりそう思わない」、「4.そう思わない」の中から 1 つ選んで、番号を○でかこんでください。

	そう思う	ややそう思う	あまりそう思わない	そう思わない
1. 販売店の多くは利益のあがりにくい値段の安いトイレットペーパーを扱いたがらない	1	2	3	4
2. 販売店の多くは環境にやさしいトイレットペーパーを積極的に扱いたがる	1	2	3	4
3. 販売店の多くはトイレットペーパーを安売りの目玉商品にしがちだ	1	2	3	4
4. 販売店の多くは大手のブランド商品しか扱いたがらない	1	2	3	4

3. トイレットペーパーの原料として古紙を使用することについて伺います。

問 3.1 貴社から見た、再生紙トイレットペーパーの販売・消費行動についてお伺いします。あてはまるものすべての番号を〇で囲んで下さい。特にバージン製品と再生紙製品への違いについてお考えください。

1. 多くの消費者が購入している
2. 多くの消費者は購入していない
3. 多くの事業所が購入している
4. 多くの事業所は購入していない
5. 多くのお店では幅広い品揃えで、積極的に販売している
6. 多くのお店では積極的に販売していない
7. その他（　　　　　　　　　　　　　　　　　　　　　　　　　　）

問 3.2 トイレットペーパーに古紙を使用することの利点と問題点について伺います。現在貴社において使用している、していないを問わずお答えください。牛乳パック、上質紙、新聞古紙、雑誌古紙、それぞれについて、あてはまるものすべての番号を〇で囲んで下さい。特にパルプと比べてどうなのかをご判断下さい。

問 3.2.1 まず、牛乳パックを利用することについての利点、問題点。

1. 原料の供給が安定している
2. 原料の供給が不安定である
3. 価格が安い
4. 価格が高い
5. 価格が安定している
6. 価格が不安定である
7. 製造は技術的に容易である
8. 製造は技術的に困難である
9. 環境保護に役立つ
10. 環境破壊につながる
11. 大きな需要が見込める
12. 需要が見込めない
13. 企業のイメージを良くする
14. 企業のイメージを悪くする
15. 採算的に有利である
16. 採算的に不利である
17. 品質が安定している
18. 品質が安定していない
19. 機械や設備をいためる
20. 機械や設備をいためない
21. 特にない

問 3.2.2 次に、上質紙を利用することについての利点、問題点。

1. 原料の供給が安定している
2. 原料の供給が不安定である
3. 価格が安い
4. 価格が高い
5. 価格が安定している
6. 価格が不安定である
7. 製造は技術的に容易である
8. 製造は技術的に困難である
9. 環境保護に役立つ
10. 環境破壊につながる
11. 大きな需要が見込める
12. 需要が見込めない
13. 企業のイメージを良くする
14. 企業のイメージを悪くする
15. 採算的に有利である
16. 採算的に不利である
17. 品質が安定している
18. 品質が安定していない
19. 機械や設備をいためる
20. 機械や設備をいためない
21. 特にない

トイレットペーパーの生産とリサイクル

問 3.2.3 それでは、新聞古紙を利用することについての利点、問題点。

1. 原料の供給が安定している
2. 原料の供給が不安定である
3. 価格が安い
4. 価格が高い
5. 価格が安定している
6. 価格が不安定である
7. 製造は技術的に容易である
8. 製造は技術的に困難である
9. 環境保護に役立つ
10. 環境破壊につながる
11. 大きな需要が見込める
12. 需要が見込めない
13. 企業のイメージを良くする
14. 企業のイメージを悪くする
15. 採算的に有利である
16. 採算的に不利である
17. 品質が安定している
18. 品質が安定していない
19. 機械や設備をいためる
20. 機械や設備をいためない
21. 特にない

問 3.2.4 最後に、雑誌古紙を利用することについての利点、問題点。

1. 原料の供給が安定している
2. 原料の供給が不安定である
3. 価格が安い
4. 価格が高い
5. 価格が安定している
6. 価格が不安定である
7. 製造は技術的に容易である
8. 製造は技術的に困難である
9. 環境保護に役立つ
10. 環境破壊につながる
11. 大きな需要が見込める
12. 需要が見込めない
13. 企業のイメージを良くする
14. 企業のイメージを悪くする
15. 採算的に有利である
16. 採算的に不利である
17. 品質が安定している
18. 品質が安定していない
19. 機械や設備をいためる
20. 機械や設備をいためない
21. 特にない

問 3.3 再生紙トイレットペーパーの今後の生産計画について伺います。現在再生紙トイレットペーパーを生産している会社は問 2.3.1 へ、生産していない会社は問 2.3.2.へお進みください。

問 3.3.1 <u>現在再生紙トイレットペーパーを生産している会社への質問です。</u>
次の中から<u>1つ</u>選んで番号を○で囲んで下さい。

1. 将来も同じ程度の規模で生産する予定だ
2. 将来は生産を増やす予定だ
3. 将来は生産を減少または中止する予定だ
4. わからない

問 3.3.2 <u>現在再生紙トイレットペーパーを生産していない会社への質問です。</u>
次の中から<u>1つ</u>選んで番号を○で囲んで下さい。

1. 近い将来に生産を開始するする予定だ
2. いつかは生産を開始するする予定だ
3. その予定はない
4. わからない

4. ゴミ処理とリサイクルについて伺います。

問 4.1 貴社では廃棄物のリサイクルにどのように取り組んでいますか。**いくつでも選んでください。**

1. リサイクル化を促進するための技術的研究や体制の改善、設備投資などをおこなっている
2. 生産過程で一旦廃棄物として発生したものを、再び生産過程における原料として再利用している
3. 自社もしくは系列会社等でリサイクル事業（再生品の製造、販売等）をおこなっている
4. 生産過程で廃棄物として発生したものを熱源（サーマルリサイクル）として利用している
5. 特に何もしていない
6. わからない
7. その他（　　　　　　　　　　　　　　　　　　　　　　　　　）

問 4.2 貴社で発生する産業廃棄物のリサイクル（廃棄物の再利用、再資源化等、販売や譲渡を含む）を進める上での問題点について伺います。**あてはまるものをいくつでも選んでください。**

1. 自社設備が充分ではない
2. 費用がかかりすぎる
3. 人手がない
4. リサイクルをするには産業廃棄物が少なすぎる
5. リサイクル可能な廃棄物の価格が不安定である
6. リサイクル技術が成熟していない
7. リサイクル製品の需要が少ない
8. 廃棄物を再利用してくれる業者を知らない
9. 特に問題はない
10. その他（　　　　　　　　　　　　　　　　　　　　　　　　　）

問 4.3 今後、製紙業界にかかわる産業廃棄物の処理とリサイクルについて、業界としてどのように取り組んで行くべきかについての意見を伺います。**重要と思われるものをいくつでも選んでください。**

1. 処理業者やリサイクル業者を探すための仲介や斡旋
2. 共同で安価に処理が行える処理組合
3. 業界内に向けての、適正処理やリサイクルを推進して行くための啓発や広報活動
4. 製紙業界での廃棄物処理やリサイクルの現状についての一般への広報活動
5. リサイクルや処理に関する技術開発
6. 廃棄物再利用についての認可の円滑化
7. 特にない
8. その他（　　　　　　　　　　　　　　　　　　　　　　　　　）

トイレットペーパーの生産とリサイクル

問 4.4 今後のゴミ処理と古紙回収の費用負担の方法に関してのご意見を伺います。社会にとって望ましい選択ではないものすべての番号を○で囲んで下さい。(望ましいものではなく、望ましくないものにです。ご注意ください)

1. ゴミ処理にかかる費用は住民の税金の増加でまかなう
2. 古紙回収にかかる費用は住民の税金の増加でまかなう
3. ゴミ処理にかかる費用は、ゴミを出す者がその量に応じて支払う
4. 古紙回収にかかる費用は、古紙を出す者がその量に応じて支払う
5. ゴミ処理にかかる費用は、企業があらかじめ価格に上乗せすることにより負担する
6. 古紙回収にかかる費用は、企業があらかじめ価格に上乗せすることにより負担する
7. ゴミ処理にかかる費用は、民間と行政が折半する
8. 古紙回収にかかる費用は、民間と行政が折半する

問 4.5 紙のリサイクルに関する次のような意見に対して、あなたはどう思いますか。

問 4.5.1 「紙のリサイクルをする時には、パルプ材の製品と見劣りしない製品をつくるために、特別の設備をつくったり、また古紙原料の回収、輸送、選別、保管のための費用がかかる。このような費用で経営に過度の負担をかけないように注意することが必要である」

  1. 賛成   2. 反対   3. どちらとも言えない

問 4.5.2 「紙のリサイクルで、パルプ材の製品と見劣りしない製品をつくるために、再生紙の製造過程で薬品を使用し、かえって環境に悪影響をもたらすようなことは避けるべきだ」

  1. 賛成   2. 反対   3. どちらとも言えない

問 4.5.3 「紙のリサイクルをする時には、木材パルプの需要の減少によって、森林経営を圧迫するようなことは避けるべきだ」

  1. 賛成   2. 反対   3. どちらとも言えない

問 4.6 現在の紙のリサイクルについて何が大切かを伺います。特に重要なものをいくつでも選んで下さい。

1. リサイクルをする方法をもっとわかりやすく、便利にする
2. 消費者はリサイクルにものを出すだけでなく、再生製品をもっと購入する
3. 企業はもっとたくさん再生製品を製造する
4. リサイクルに関する情報をもっと普及させる
5. リサイクルするだけではなく、使用量そのものを減らしたり、長い間使う

問 4.7 最後に、コピー用紙、トイレットペーパー、再生紙、リサイクル、廃棄物処理、補助金等に関して、何かお気づきの点、ご意見などありましたら何でもお書き下さい。

これですべて終了です。ご協力に感謝します。

索引

ア行

愛他主義　14
アーカイブ研究　2
アーカイブ調査　20
空き缶の回収　139
空きビンの回収　139
厚さ　91
アパッチ　40
アメリカ（合衆国）　25, 49
アメリカリサイクル連合　27
EPA　27
インタビュー調査　2, 49
インタビュー調査訪問先一覧　50
インターゼロ　63
willingness to pay　12
ウエアハウザー　54
ウエストペーパーディーラー　54, 55
ウエストマネージメント　54
衛生紙　16
衛生用紙　38
FOB　33
エンボス加工　74
オッズ　79
オッズ比　79
オフィス古紙　38, 56
重みつき2乗和　83
卸業者　109

カ行

回帰係数　84
回帰分析　84
回収業者　1, 109
回収コンテナ　8
回収制度　115
海上運賃　33, 37
カイ2乗　89
過剰供給　144
家庭系ゴミ　7
家庭紙　16
カーブサイドコレクション　57
紙・板紙消費量　21
紙箱の回収　139
紙リサイクル社会　1
環境意識　18
環境的態度　13
含水率　74, 91
観測値　88
企業　115
期待値　88
規範的影響　14
逆有償　29
牛乳パック　106
業界紙　48
業界紙研究　2
行政回収　116, 117
行政機関　1
緊急輸出　31
経営方針　114
経費削減　114
系列化　114
原生林　24
ケント紙　44
購入基準　97
交絡　79
国勢調査区　73
国内船積み価格　33
古紙回収行動　70
古紙回収費用負担　120
古紙回収率　21
古紙回収量　21
古紙ジャーナル　28, 48
古紙需要を増やすために必要なこと　112
古紙消費行動　70
古紙裾物3品　35
古紙ディーラー　26
古紙問屋　1
古紙の黒字輸出　46
古紙余剰　29
古紙リサイクルシステムに必要なこと　111
古紙利用率　21
固定資産税　27
ゴミ回収　7
コンポスト　139

サ行

サーマルリサイクル　113
再生紙製品を生産する利点と欠点　104
再生紙の評価　137

索　引

作業効率　114
雑誌古紙　35, 37
雑誌の回収　139
産業消費者　1
残差分析　89
酸性雨　25
残本　38, 43

事業系廃棄物　6
資源回収　8, 57
市場原理　30
市場調査　18
市場調査的　18
自治体　115, 117
実態調査　18
質問紙調査　2
社会調査　18
社会的圧力　14
重回帰分析　79
修正項　104
従属変数　78, 84
集団回収　116, 117, 118
従量制　7, 27, 89
主体　1
受託業務　117, 120
商業輸出　31
上質紙　35
商社　1
消費者　95, 115
商品開発戦略　101
使用への意志　77, 131
静脈　18, 109
上物古紙　35
植林　68
人工林　68
新廃棄物処理法　6, 29
新聞古紙　35, 37
新聞の回収　139

スウェーデン（王国）　24, 51, 126
スウェーデン環境保護局　66

数量化Ⅲ類　83, 102, 105
数量化Ⅱ類　135, 136
裾物3品　39
裾物品　40
ステップワイズ法　84, 85, 103
ストンコンティナ　54
スマフィット　54
棲みわけ　143, 144

政策介入　113
生産者責任制度　68
生産者の開発戦略　101
生産者の販売店に対する評価　100
製紙業者　1
製紙産業　95
絶乾重量　92
絶乾坪量　74, 92
説明変数　78
全国製紙原料商工組合連合会　30
全米リサイクル連合　27, 63
層化　127
層化2段階比例無作為抽出法　73
層化無作為抽出法　73
双対尺度法　83
促進的な干渉　15
促進的な干渉を行なうリーダー　15
素材の推定　76, 129
粗大ゴミの回収　139

タ　行

対応分析　83
TAPPI　91
脱墨　29
段原紙　32, 41
ダンプサイト　56
段ボール古紙　35, 41

段ボールの回収　139

地球環境意識　143
抽出単位　73
直納問屋　30, 58
チラシ・包装紙の回収　139

坪先　26

DIP　34, 37, 46
定額制　89
デュアルシステム　23, 64, 125

ドイツ（連邦共和国）　22, 51, 126
トイレットペーパーの購入基準　80
等間隔無作為抽出法　73
動機づけ　14
東京製紙原料協同組合　17, 110
東京都資源回収事業協同組合　110
東京都廃棄物の処理及び再利用に関する条例　6
動脈　18
塗工紙　35

ナ　行

生ゴミの回収　139

日刊紙業通信　48
日本型古紙リサイクル　143
日本家庭紙組合　96
日本紙パルプ商事　49

望ましい古紙輸出　113
糊付き色上　43

ハ　行

廃棄物回収システム　86

配慮意識　95
白色度　74,93
ハクレ　60
バックトランスレーション　126
発泡トレイ　15
バラ積み　34

ヒアリング　18
PRI　54
比引張りこわさ　74,92
比引張り強さ　74,92
標本　73
標本抽出　73
品質評価　75,128

ファイバー　59
風乾重量　92
複雑なシステム　2
物質的誘因　14
ブラインドテスト　2,72,75,126
プラスチックトレイの回収　139
ブランド　106
ブランドイメージ　144

フレート　33,37
文化比較研究　14
文献研究　2
文献調査　20
分別回収　7

ペットボトル　15
ペットボトルの回収　139
偏回帰係数　79
変数選択　84
返本雑誌　38

報酬　14
包装廃棄物規制令　63
母集団　73
保証人業者　23

マ 行

マクロ分析　20

緑のマーク　23

無作為抽出　2,126
無作為抽出法　73

目黒区リサイクル　8

面接法　2

木材パルプ　34
模造・色上　35

ヤ 行

有意選出法　73
有限母集団　103,104
郵送法　2,96

洋紙　34,36

ラ 行

ライセンス料　23

リサイクル行動　18,137
リサイクル商品購入企業同盟　27
リサイクル制度　1
リサイクル法　6,29
リストラ　114

路肩回収　57,69
ロジステック回帰分析　78,79,85

著者略歴

はにゅうかずのり
羽生和紀

1965年　東京都に生まれる
1995年　米国 The Ohio State University, The Department of City and Regional Planning (Environment and Behavior Studies) 博士課程修了
現　在　日本大学文理学部心理学科助教授
　　　　Ph. D.

きしのひろひさ
岸野洋久

1955年　福岡県に生まれる
1980年　東京大学大学院理学系研究科数学専攻修士課程修了
　　　　文部省統計数理研究所等を経て,
現　在　東京大学大学院農学生命科学研究科教授
　　　　理学博士

シリーズ〈データの科学〉3
複雑現象を量る
――紙リサイクル社会の調査――　　　　　定価はカバーに表示

2001年9月20日　初版第1刷
2007年6月25日　　　第2刷

著　者　羽　生　和　紀
　　　　岸　野　洋　久
発行者　朝　倉　邦　造
発行所　株式会社　朝　倉　書　店
　　　　東京都新宿区新小川町6-29
　　　　郵便番号　162-8707
　　　　電　話　03(3260)0141
　　　　FAX　03(3260)0180
　　　　http://www.asakura.co.jp

〈検印省略〉

　　　　　　　　　　　　　　　　　　中央印刷・渡辺製本
© 2001〈無断複写・転載を禁ず〉
ISBN 978-4-254-12727-8　C 3341　　　　Printed in Japan

好評の事典・辞典・ハンドブック

紙の文化事典	尾鍋史彦ほか 編／A5判 592頁
人間の許容限界事典	山崎昌廣ほか 編／B5判 1032頁
コンピュータ代数ハンドブック	山本　慎ほか 訳／A5判 1040頁
数理統計学ハンドブック	豊田秀樹 監訳／A5判 784頁
物理データ事典	日本物理学会 編／B5判 600頁
物理学大事典	鈴木増雄ほか 編／B5判 896頁
機器分析の事典	日本分析化学会 編／A5判 356頁
気象ハンドブック（第3版）	新田　尚ほか 編／B5判 1040頁
分子生物学大百科事典	太田次郎 監訳／B5判 1172頁
遺伝学事典	東江昭夫ほか 編／A5判 344頁
魚の科学事典	谷内　透ほか 編／A5判 612頁
環境緑化の事典	日本緑化工学会 編／B5判 496頁
3次元映像ハンドブック	尾上守夫ほか 編／A5判 484頁
電力工学ハンドブック	宅間　董ほか 編／A5判 760頁
電子回路ハンドブック	藤井信生ほか 編／B5判 456頁
呼吸の事典	有田秀穂 編／A5判 744頁
肥料の事典	但野利秋ほか 編／B5判 408頁
食品工学ハンドブック	日本食品工学会 編／B5判 768頁
木材科学ハンドブック	岡野　健・祖父江信夫 編／A5判 464頁
水産大百科事典	水産総合研究センター 編／B5判 808頁
心理学総合事典	海保博之・楠見　孝 監修／B5判 784頁
オックスフォード スポーツ医科学辞典	福永哲夫 監訳／A5判 592頁

価格・概要等は小社ホームページをご覧ください．